Diana Wolf

Nutzung elektrodiaphragmaretisch hergestellter Desinfektionsmittel

Diana Wolf

Nutzung elektrodiaphragmaretisch hergestellter Desinfektionsmittel

für die Getränkeindustrie

Südwestdeutscher Verlag für Hochschulschriften

Impressum / Imprint
Bibliografische Information der Deutschen Nationalbibliothek: Die Deutsche Nationalbibliothek verzeichnet diese Publikation in der Deutschen Nationalbibliografie; detaillierte bibliografische Daten sind im Internet über http://dnb.d-nb.de abrufbar.

Bibliographic information published by the Deutsche Nationalbibliothek: The Deutsche Nationalbibliothek lists this publication in the Deutsche Nationalbibliografie; detailed bibliographic data are available in the Internet at http://dnb.d-nb.de.

Verlag / Publisher:
Südwestdeutscher Verlag für Hochschulschriften
ist ein Imprint der / is a trademark of
OmniScriptum GmbH & Co. KG
Heinrich-Böcking-Str. 6-8, 66121 Saarbrücken, Deutschland / Germany
Email: info@svh-verlag.de

Herstellung: siehe letzte Seite /
Printed at: see last page
ISBN: 978-3-8381-1601-3

Zugl. / Approved by: Berlin, TU, Diss., 2009

Danksagung

Die vorliegende Arbeit entstand bei der Firma KHS AG in Bad Kreuznach.

Mein besonderer Dank gilt Herrn Prof. Dr.-Ing. Frank-Jürgen Methner, Herrn Prof. Dr.-Ing. habil. Lutz-Günther Fleischer und Herrn PD Dr.-Ing. Hartmut Evers für die Überlassung des Themas und die Betreuung dieser Arbeit.

Ebenso bedanken möchte ich mich bei meinen Diplomanden Ulrike Schuchert, Thorsten Michaelis, Robin Simon, Christian Sahling, Andreas Schrupp, Thomas Eifel, Sandra Krutschke, Sebastian Kramp und Lifang Xuan für die Durchführung vieler Versuche und den engagierten Arbeitseinsatz.

Der Firma KHS danke ich für die Bereitstellung des Labors und der notwendigen Materialien für die Untersuchungen sowie der Möglichkeit, diese Arbeit neben meiner beruflichen Tätigkeit durchführen zu können.

Herrn Dr. Dietrich Harms und Herrn Guido Offer vom Zentrallabor der VLB Berlin danke ich für die Einarbeitung in die Ionenchromatographie und die damit verbundenen anregenden Diskussionen.

Mein Dank gilt auch den Herstellern der Desinfektionsmittel für die Bereitstellung und Überlassung der Mittel, sowie für die Unterstützung bei speziellen Fragestellungen.

Allen weiteren Personen, die in Form von Unterstützung bei Analysen, fachlichen Diskussionen und konstruktiver Kritik an der Anfertigung dieser Arbeit beteiligt waren, sei an dieser Stelle ebenso gedankt.

Zu guter Letzt möchte ich mich ganz besonders bei meinem Mann Martin Wolf bedanken, der mich stets moralisch unterstützt und in meinem Vorhaben bestärkt hat.

Kurzfassung

In der vorliegenden Arbeit wurde ein Desinfektionsmittel getestet, das nach einem für die Getränkebranche unüblichen Verfahren hergestellt wird. Angelehnt an das Prinzip einer Chloralkalielektrolyse nach dem Diaphragmaverfahren erfolgt die Herstellung der Desinfektionslösung vor Ort. Auf der Anodenseite der Membranzelle entsteht hauptsächlich Hypochlorit, auf der Kathodenseite eine verdünnte Natronlauge. Das Anolyt kann zu Desinfektionszwecken verwendet werden, das Katholyt wird bislang meist verworfen.
In mikrobiologischen Untersuchungen wurde die Wirksamkeit von Anolyt gegenüber getränkespezifischen Mikroorganismen bei verschiedenen pH-Werten, Konzentrationen, Temperaturen und Einwirkzeiten überprüft. Das Mittel wurde zudem im Vergleich zur Verwendung von Chlordioxid und herkömmlicher Hypochloritlösung getestet.
Ein weiterer Schwerpunkt bildeten chemische Untersuchungen, wobei der Abbau von Vitamin C durch Anolyt und die Zehrung von Anolyt durch Getränkeinhaltsstoffe bestimmt wurden. Die Geschmacksschwellenwerte von Anolyt in Apfelsaft, Bier und Wasser wurden ermittelt. Des Weiteren wurde besonderes Augenmerk auf die Entstehung der gesundheitsschädlichen Desinfektionsnebenprodukte Chlorit, Chlorat, Bromat und Perchlorat gelegt, wobei eine Gegenüberstellung der Werte von zwei unterschiedlichen Anolytlösungen und herkömmlicher, einmal frisch hergestellter und einmal gelagerter Hypochloritlösung erfolgte.
Zumeist wurde mit Hilfe von Faktorenversuchsplanung gearbeitet, die Erstellung und Auswertung der Versuchspläne erfolgte mittels spezieller Software hierzu.
Die Ergebnisse zeigen eine gute desinfizierende Wirkung von Anolyt gegenüber den ausgewählten Hefen, Bakterien und Sporenbildnern. Im Gegensatz zu Chlordioxid ist die Wirkung stark vom pH-Wert der Lösung abhängig, die höchste Effektivität wird im Bereich von pH 6 erzielt. Die zum Teil in der Literatur beschriebene bessere mikrobizide Wirkung verglichen mit herkömmlicher Hypochloritlösung konnte nicht bestätigt werden.
Bestimmte Getränkeinhaltsstoffe, insbesondere Eiweiße, bewirken eine Zehrung der Anolytlösung, zudem reagiert Anolyt mit Vitamin C und baut es ab. Bei der Applikation an Abfüllanlagen muss demnach darauf geachtet werden, dass möglichst keine Restmengen von Anolyt in das Getränk gelangen. Die Geschmacksschwellenwerte von Anolyt sind bei richtiger Prozesseinbindung als unkritisch zu bewerten. Für eine gute Desinfektionsleistung an Anlagenteilen ist eine vorhergehende Reinigung der Anlage und somit der Abtrag organischer Stoffe unerlässlich.

Die Menge an Desinfektionsnebenprodukten unterscheidet sich bei verschiedenen Anolytlösungen, im Vergleich zu herkömmlicher Hypochloritlösung liegen die Werte jedoch weitaus niedriger.

1 Einleitung

Die Hygieneanforderungen zur Herstellung und Verarbeitung von Lebensmitteln und Getränken sind in den letzten Jahren immens gestiegen. Sowohl der Handel als auch die Verbraucher verlangen Produkte von ausreichend langer Haltbarkeit. Teilweise werden die Produkte sensibler was den mikrobiellen Verderb betrifft, ein Einsatz von Konservierungsmitteln ist jedoch allgemein nicht erwünscht. Dadurch werden nicht nur hohe Anforderungen an die Hygiene der Produktionsanlagen bei der Getränkeabfüllung gestellt, sondern auch an deren Umfeld. Der Einsatz klassischer Desinfektionsmittel wie Peressigsäure, Wasserstoffperoxid, Chlor oder Chlorverbindungen erfolgt heutzutage an Stellen, an denen eine Kontamination mit Mikroorganismen zu verhindern ist, bzw. eine Desinfektion stattfinden muss. Die Wirksamkeit dieser Mittel ist bekannt, doch sind die Einsatzmöglichkeiten auch begrenzt. Es gibt kein universelles Desinfektionsmittel, vielmehr hat sich die Auswahl eines geeigneten Desinfektionsverfahrens danach zu richten, was (Desinfektionsgut) wovon (Krankheitserreger) unter welchen Umständen (Materialempfindlichkeit, Feuchte, Verschmutzung, Temperatur) zu desinfizieren ist [1]. Des Weiteren kann eine Gesundheitsgefährdung des Personals bei unsachgemäßer Anwendung chemischer Desinfektionsmittel auftreten. Zudem sollten die eingesetzten Mittel möglichst vollständig abbaubar und somit umweltschonend sein.

Im Allgemeinen ist eine Desinfektion ohne eine vorhergehende Reinigung wenig sinnvoll, da einerseits durch den Reinigungsschritt die Keimzahl deutlich reduziert wird, andererseits den vorhandenen Mikroorganismen auch die Nahrungsgrundlage entzogen wird, wodurch ein Desinfektionsmittel erst seine gute Wirkung entfalten kann. Eine derartige Vorgehensweise erfordert in der Regel eine Unterbrechung der Produktion, was sich wiederum negativ hinsichtlich des Anlagenausbringungs- und Wirkungsgrades bemerkbar macht. Aus Kostengründen besteht beim Abfüller daher größtes Interesse, Stillstandzeiten zu minimieren, um die Produktionsnebenzeiten so gering wie möglich zu halten.

Darüber hinaus soll eine Anlage im besten Fall permanent in einem mikrobiologisch einwandfreien Zustand gehalten werden. Erreicht wird dies im Regelfall durch den permanenten Einsatz von Desinfektionsmitteln an mikrobiologisch besonders kritischen Bereichen wie der Fülleraußenschwallung und der Bandschmierung, die den Zeitraum zwischen zwei Reinigungszyklen verlängert. Ersetzen können solche Vorkehrungen die Reinigung allerdings nicht, da Hygiene ganzheitlich zu betrachten ist und die Maßnahmen nicht nur auf bestimmte Bereiche beschränkt sein dürfen. Die Anwendung einer solchen dauerhaften Desinfektion ist meistens nur bedingt möglich, um das Risiko einer Kontamination des Abfüllgutes mit dem Desinfektionsmittel mit Sicherheit zu vermeiden. Moderne Analysenverfahren machen es heute möglich, auch Spuren von Rückständen chemischer Desinfektionsmittel nachzuweisen, und bekanntlich obliegt dem Hersteller die Sorgfaltspflicht, Kontaminationen mit allen zur Verfügung stehenden Möglichkeiten zu vermeiden. Zudem bergen viele eingesetzte Mittel bei falscher Anwendung ein hohes korrosives Potential, auch gegenüber Edelstählen, was im Allgemeinen den dauerhaften Einsatz auf niedrige und dadurch eher gering wirksame Konzentrationen beschränkt.

Die Suche nach neuen, kostengünstigen, umweltschonenden und möglichst breit einsetzbaren Desinfektionsmitteln geht also weiter, denn Optimierungspotential ist gegeben. Ein in der Getränkebranche neues, viel publiziertes Desinfektionsmittel ist das so genannte Anolyt. Laut unterschiedlicher Herstellerangaben soll es ein breites Wirkungsspektrum haben, kostengünstig, umweltschonend und ungefährlich in der Anwendung sein.

2 Aufgabenstellung

Ziel dieser Arbeit ist, Anolyte erstmalig für die Getränkebranche wissenschaftlich zu untersuchen und die Möglichkeiten, aber auch die Grenzen des Einsatzes für die Getränkeindustrie herauszufinden.

Elektrochemische Desinfektionsmethoden unter Einsatz spezieller Elektrolyseanlagen finden zunehmend Verwendung in der Lebensmittel- und Getränkeindustrie. Die Herstellung der Desinfektionslösung erfolgt vor Ort mittels eines an die Chloralkalielektrolyse angelehnten Verfahrens. Es erfolgt eine elektrochemische Aktivierung einer verdünnten oder konzentrierten NaCl-Lösung, wodurch auf der Anodenseite hauptsächlich eine hypochlorige Säure, das Anolyt, und auf der Kathodenseite eine gering konzentrierte Natronlauge entsteht, das Katholyt.

Es gibt weit reichende Untersuchungen über die Wirksamkeit von Anolyt gegenüber Lebensmittel verderbenden Keimen, welche mit konzentrierten Lösungen durchgeführt wurden. Diese enthalten durchschnittlich 50 mg/L freies Chlor, was korrosiv auf Edelstähle wirkt und deshalb für einen Einsatz in der Getränkeindustrie unpraktikabel ist. Es ist daher zu untersuchen, inwieweit sich die Konzentration auf ein annehmbares Maß senken lässt, um die Anolyte als Desinfektionsmittel einzusetzen. Hierbei ist insbesondere von wissenschaftlichem Interesse, wie sich die Mittel in verdünnten Lösungen verhalten und wie ihre Keim reduzierende Wirkung ist.

Es soll die Desinfektionsleistung gering konzentrierter Anolytlösungen gegenüber Getränke spezifischen Mikroorganismen und Sporenbildnern untersucht werden. Die Variation der Parameter pH-Wert, Temperatur, Konzentration und Einwirkzeit wird Aufschluss über die Möglichkeiten zur Optimierung der Keimreduktion bringen. Limitierende Faktoren sollen herausgestellt und für die Praxisanwendung bewertet werden.

Ein Vergleich von Anolyt zu herkömmlicher Hypochloritlösung in Bezug auf die Reduktion von Sporen soll zeigen, ob sich die Desinfektionsleistung der Mittel nennenswert unterscheidet. Die Anolytlösung soll neben der hypochlorigen Säure weitere desinfizierend wirkende Bestandteile wie Wasserstoffperoxid, Ozon und Sauerstoffradikale enthalten, welche in ihrer Gesamtheit eine beträchtlich höhere biozide Wirkung entfalten sollen als eine reine Hypochloritlösung.

Technisch unvermeidbare Restmengen von Desinfektionsmitteln während der Verarbeitung von Lebensmitteln und Getränken können zu Beeinträchtigungen der Produktqualität führen. Des Weiteren beeinflussen organische Materialien wie

Produktreste die mikrobizide Leistung, da sie mit den Lösungen reagieren und diese aufzehren. Dies sind wichtige Aspekte für die Anwendung von Anolyten zur Behälterdesinfektion und der Behandlung von Anlagenoberflächen. Das Zehrungsverhalten unterschiedlicher Getränke auf Anolyt soll untersucht werden, um Erkenntnisse über benötigte Einsatzkonzentrationen und Desinfektionsmittelmengen zu erhalten. Geschmacksschwellenwerte von Anolyt für verschiedene Getränke sollen ermittelt werden, um eine Bewertung der Einflüsse von Restmengen beispielsweise beim Rinsen von Flaschen vorzunehmen. Der Abbau von Vitamin C durch Anolyt wird weitere Hinweise auf eine mögliche Beeinträchtigung der Produktqualität durch Anwendung dieses neuartigen Desinfektionsmittels erbringen.

Die Verwendung von Chlorprodukten ist trotz deren beachtlicher Desinfektionswirkung umstritten. Es treten unterschiedliche Desinfektions-nebenprodukte (DNP) wie Chlorit, Chlorat, Perchlorat und Bromid auf, welche als gesundheitsschädlich eingestuft werden und strengen Grenzwerten unterliegen. Das Entstehen dieser Produkte bei der Lagerung und Anwendung von Anolyt soll analysiert, bewertet und die Grenzen des Einsatzes herausgestellt werden.

Schließlich sollen die Kosten zur Vor-Ort-Herstellung einer konventionellen Hypochloritlösung und einer Anolytlösung verglichen werden.

3 Theoretischer Teil

3.1 Desinfektionsverfahren in der Getränkeindustrie

Es gibt eine Vielzahl an Desinfektionsprozessen in der Getränkeindustrie. Allen gemeinsam ist, dass der Prozess auf das eingesetzte Desinfektionsmittel abgestimmt sein muss, denn jedes Mittel hängt in seiner Wirksamkeit zumindest von der Einwirkzeit, der Konzentration, der Temperatur und dem pH-Wert ab. Reste von organischem Material wirken sich grundsätzlich negativ auf die Desinfektionsleistung aus, da deren Eiweiße die Desinfektionsmittel binden, welche somit nicht mehr gegen Mikroorganismen vorgehen können. Außerdem können sie den Mikroorganismen als Schutzstoffe dienen, wenn dadurch das Desinfektionsmittel nicht mehr in direkten Kontakt mit den Zellen treten kann, was eine Grundvoraussetzung für die Wirkung chemischer Desinfektionsmittel ist [2]. Eine vorhergehende gute Reinigung ist deshalb zielführend für eine erfolgreiche Keimreduktion.

3.1.1 Chlor und Chlorverbindungen als Desinfektionsmittel im Vergleich

3.1.1.1 Vor-Ort-Produktion von Chlor

Nach White [3, S.167 ff.] reicht die Vor-Ort-Produktion von Chlor unter Verwendung des elektrolytischen Prozesses bis die 30er Jahre des 19. Jahrhunderts zurück, als mit Meerwasser gespeiste, elektrolytisch arbeitende Chloranlagen für Schwimmbäder eingesetzt wurden. Der Erfolg dieser Systeme war jedoch nur marginal, da die Kosten immer höher lagen, als bei konventionellem Equipment, welches mit abgefüllten Chlorgasflaschen arbeitete. Die Elektroden waren das Hauptproblem bei diesem System. Die meisten waren mit Platin überzogen; andere bestanden aus Kohlenstoff und Eisen, Graphit mit einer Bleiabschirmung innen und mit Edelstahl ummantelt oder Titianiumelektroden umhüllt mit Edelmetallen. Der Prozess selbst ist ineffizient, hat aber Vorteile wie z.B. den Sicherheitsfaktor und die Tatsache, dass alle Rohstoffe direkt am Produktionsort vorhanden sind, was ein Lager überflüssig macht. Wie auch immer, eines der größten Probleme war und ist die immer teurer werdende Energie für die Elektrolyse. 1970 wurde das Interesse an der Vor-Ort-Produktion wieder größer, hauptsächlich wegen der potentiellen Risiken, die mit der Verwendung von Flüssiggassystemen entstehen und der Möglichkeit der staatlichen Förderung zur Entwicklung solcher Systeme. Außerdem produzieren die Generatoren nur 0,8 %iges Chlor; diese Stoffe gelten nicht als Gefahrenstoffe und die Bediener benötigen keine Spezialausbildung im Umgang mit diesen. Die notwendige Qualität der Rohstoffe bei einem elektrolytischen System ist seit

langem bekannt. Deshalb finden weitestgehend nur noch Systeme Anwendung, die mit Salz in Lebensmittelqualität statt mit Meerwasser arbeiten.
Laut Schmidt [4, S.438 ff.] gibt es drei gängige Verfahren zur Chloralkalielektrolyse, welche hier im Einzelnen vorgestellt werden:

Amalgamverfahren

Als Amalgamieren bezeichnet man das Auflösen von Metallen in Quecksilber unter Bildung von Legierungen [5, S.832]. Das Amalgamverfahren wurde 1892 entwickelt. Bei diesem Verfahren werden Quecksilberkathoden verwendet. Die Zellen sind horizontal angeordnet und leicht geneigt, wie in Abbildung 3-1 gezeigt. Es fließt flüssiges Quecksilber (Hg) durch die wannenförmigen Zellen auf dem Zellenboden, der mit dem negativen Pol der Gleichstromversorgung verbunden ist. Es handelt sich um ungeteilte Zellen mit einem Elektrolytkreislauf aus gereinigter NaCl-Sole, die über das Quecksilber fließt.

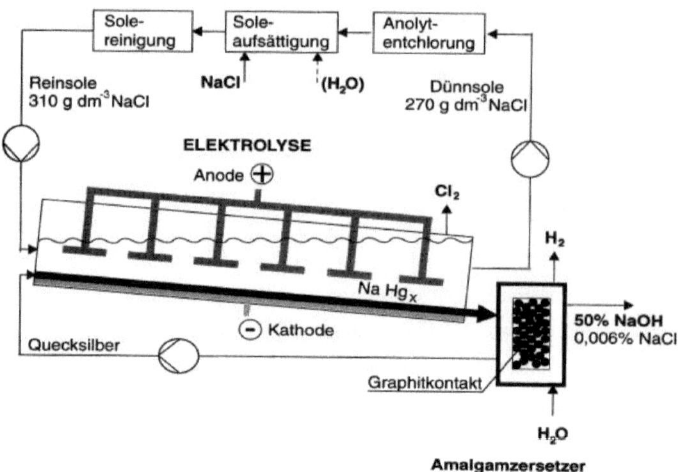

Abbildung 3-1 Prinzip des Amalgamverfahrens [4, S.439]

Die Zelltemperatur liegt zwischen 70° und 100°C. Zur Vermeidung von Hg-Emissionen muss die Zelle gut verschlossen sein. Das Natriumamalgam scheidet sich an der Hg-Kathode ab und fließt am Zellenausgang in den Amalgamzersetzer. In diesem entstehen nach Zugabe von Wasser Natronlauge und Wasserstoff:

$$2Hg_xNa + 2H_2O \rightarrow 2Hg_x + 2Na^+ + 2OH^- + H_2$$

Graphit dient als Katalysator für die Amalgamzersetzungsreaktion. Reines Quecksilber entsteht und wird in die Zelle zurück gepumpt.

Aufgrund der Graphitkorrosion musste der Abstand zum Boden ständig nachgeregelt werden. Die heutzutage verwendeten Materialien aus Titan, Rutheniumoxid oder Iridiumoxid sind dagegen korrosionsstabil.

Elektrodiaphragmaverfahren

Das Elektrodiaphragmaverfahren ist das älteste Verfahren zur Chloralkalielektrolyse und wurde 1890 zum ersten Mal technisch eingesetzt. An den Elektroden laufen hauptsächlich die folgenden Reaktionen ab:

$$2Cl^- \rightarrow 2Cl_2 + 2e^-$$
$$2H_2O + 2e^- \rightarrow H_2 + 2OH^-$$

Das Diaphragma trennt die Zelle in einen Anoden und einen Kathodenraum, siehe Abbildung 3-2, so dass Hypochlorit und Chloratbildung unterdrückt werden:

$$Cl_2 + 2OH^- \rightarrow ClO^- + Cl^- + H_2O$$
$$6ClO^- + 9H_2O \rightarrow 2ClO_3 + 4Cl^- + 6H_3O^+ + 1{,}5O_2 + 6e^-$$

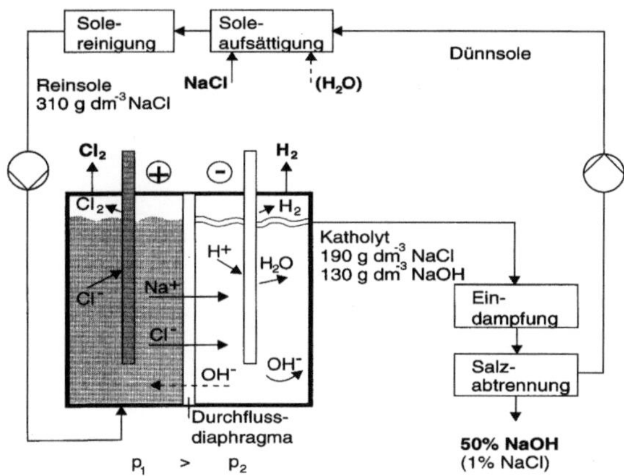

Abbildung 3-2 Prinzip des Diaphragmaverfahrens [4, S. 443]

Die Zelle ist zwar geteilt, dennoch gibt es nur einen Solekreislauf. Die Natriumchloridlösung tritt im Anodenraum in die Zelle ein und fließt durch das Diaphragma in den Kathodenraum. Erreicht wird dies durch unterschiedliche Flüssigkeitsniveaus in den beiden Elektrodenräumen. Über dem Zellenkopf im Anodenraum entweicht das Chlor und wird abgezogen. Oberhalb der Sole des Kathodenraums tritt der Wasserstoff aus der Zelle aus. Das Natriumion wandert durch das Diaphragma in den Kathodenraum und reagiert mit den Hydroxidionen zu Natronlauge. Aber auch Chlorid gelangt aufgrund des Konzentrationsgefälles in den Kathodenraum, so dass die Natronlauge auch einen hohen Anteil an Chlorid-Ionen enthält.

Das entstehende Chlor im Anodenraum reagiert zum Teil mit den durch das Diaphragma wandernden Hydroxid-Ionen zu unter- bzw. hypochloriger Säure HOCl. Außerdem entsteht durch die Oxidation der Hydroxidionen im Anodenraum eine gewisse Menge an Sauerstoff, die das Chlor verunreinigt.

Membranverfahren

Das Membranverfahren gilt als das modernste Verfahren der Chloralkalielektrolyse. Der Anolyt und der Katholyt sind durch eine Kationenaustauschermembran getrennt, welche hohe Überführungszahlen für die Na^+-Migration aufweist und damit die Wanderung von Hydroxidionen von der Kathode zur Anode verhindert, siehe Abbildung 3-3.

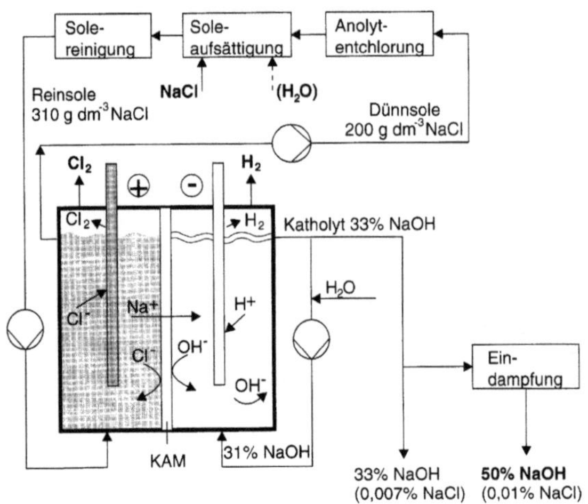

Abbildung 3-3 Prinzip des Membranverfahrens [4, S. 444]

Im Vergleich zum Diaphragmaverfahren wird an der Kathode eine konzentrierte und reine NaOH-Lösung gewonnen.

Mit der Einführung dieser Technologie sind die Anforderungen an die Natriumchloridsole stark gestiegen. Von ihrer Reinheit hängt in starkem Maße die Lebensdauer der Membranen ab. Hydroxidausfällungen und Schichtbildungen auf der Membran führen zu einem Leistungsabfall der Zelle. Die Konzentrationen an Ca^{2+}, Mg^{2+}, Sr^{2+}, Ba^{2+}, Al^{3+}, SO_4^{2-}

und SiO_2 müssen deshalb deutlich gesenkt werden. Insbesondere würden sich diese Ionen bei einer Solerückführung akkumulieren und die Membraneigenschaften beeinträchtigen. Sinkende Stromdichten und steigende Zellspannungen wären die Folge und damit ein höherer spezifischer Energieverbrauch. Verfahrenstechnisch wird die NaCl-Sole auf der Anodenseite im Kreis geführt und die Verunreinigungen werden vor Eintritt in die Membranzelle gereinigt. Die Reinigung erfolgt durch die Zugabe von Fällreagenzien in Form von Na_2CO_3 und $BaCl_2$, so dass die Schwermetalle als Hydroxide und Sulfate als $BaSO_4$ ausfallen. Moderne Verfahren nutzen hierzu die Membran-Nanofiltration. Die im Kreislauf geführte Sole wird durch die verfahrenstechnischen Maßnahmen in ihrer Qualität am Zelleneingang konstant gehalten.

Die drei Verfahren der Chloralkalielektrolyse werden in Tabelle 3-1 einander gegenübergestellt:

Tabelle 3-1 Vergleich der drei Verfahren für die Chloralkali Elektrolyse [4, S. 450]

	Amalgam	Diaphragma	Membran
Vorteile	- 50%ige NaOH direkt aus der Zelle - hohe Reinheit von Cl_2 und H_2 - einfache Solereinigung	- geringe Anforderung an Solequalität - geringer spezifischer Energieverbrauch	- geringer spezifischer Energieverbrauch - geringe Kapitalinvestition - kostengünstiger Zellbetrieb - hochreine NaOH-Lösung - unempfindlich gegenüber Lastwechsel und Zellabschaltung - weiteres Potential für Verbesserungen
Nachteile	- Gebrauch von Quecksilber - hohe Reinheitsanforderung für Sole - hohe Kosten für Zellbetrieb - großer Aufwand für Umwelttechnik - großer Raumbedarf	- Gebrauch von Asbestdiaphragmen - hoher Wärmebedarf für NaOH-Aufkonzentration - geringe NaOH-Reinheit - empfindlich gegenüber Druckschwankungen in der Zelle - Gehalt an O_2 in Cl_2	- höchste Reinheitsanforderung für Sole - Gehalt an O_2 in Cl_2 - hohe Membrankosten

Es liegt hohes Potential in der Herabsetzung der Zellspannung und damit des spezifischen Energieverbrauchs, womit die Vorteile des Membranverfahrens verstärkt werden.

3.1.1.2 Chlor und Chlorverbindungen als Desinfektionsmittel

Chlor und Hypochlorit

Nach Aussage von White [3, S.212 ff.] ist Chlor - trotz seiner Schwächen - als Desinfektionsmittel einzigartig. Bei der Trinkwasseraufbereitung wird Chlorgas entweder in Wasser gegeben, woraufhin hypochlorige Säure gebildet wird, oder es wird über eine alkalische Lösung in Form einer Hypochloritlösung zugegeben.

Wird Chlorgas in Wasser gelöst, findet eine Hydrolyse statt. Die Reaktion ist sehr schnell und verläuft über eine Reaktion des Chlormoleküls mit dem Hydroxid-Ion:

$$Cl_2 + OH^- \leftrightarrow HOCl + Cl^-$$

Bei einem Gehalt von 3500 mg/L befindet sich die Hypochloritlösung im Gleichgewicht mit dem molekularen freien Chlor. Wird diese Konzentration überschritten, hat das unerwünschte Cl_2-Ausgasungen während der Anwendung zur Folge. Dieser Effekt tritt auch beim Pumpen einer Chlorlösung an der Saugseite auf, da hierbei ein Unterdruck entsteht. Bei nicht geschlossenen Systemen besteht dann die Gefahr, dass durch die austretenden Gase Korrosionen und eine Chlorbelastung in der Umgebung entstehen. Der MAK-Wert für Cl_2 ist auf 1,5 mg/m³ festgesetzt [6, S.264].

Die zulässige Zugabe für die Trinkwasserentkeimung darf 1,2 mg/L freies Chlor nicht übersteigen, nach abgeschlossener Behandlung darf der Wert von 0,3 mg/L nicht über- und 0,1 mg/L nicht unterschritten werden [7]. Die Übersicht in Tabelle 3-2 zeigt, dass die Wertigkeit des Chloratoms von +7 bis -1 reicht:

Tabelle 3-2 Wertigkeiten des Chloratoms [3, S. 220]

Natriumperchlorat	$Na^{+1}Cl^{+7}O_4^{-8}$
Natriumchlorit	$Na^{+1}Cl^{+5}O_2^{-6}$
Chlordioxid	$Cl^{+4}O_2^{-4}$
Natriumhypochlorit	$Na^{+1}O^{-2}Cl^{+1}$
Hypochlorige Säure	$H^{+1}O^{-2}Cl^{+1}$
Hydrochlorige Säure	$H^{+1}Cl^{-1}$
Monochloramine	$N^{-3}H^{+1}Cl_2^{+1}$
Dichloramine	$N^{-3}H^{+1}Cl_2^{+1}$
Stickstofftrichlorid	$N^{-3}Cl_3^{+3}$

Wenn Chlor mit Wasser reagiert, entsteht ein HOCl-Molekül mit einem Cl^{+1}-Ion und ein HCl-Molekül mit einem Cl^{-1}-Ion:

$$Cl_2 + H_2O \rightarrow H^{+1}O^{-2}Cl^{+1} + H^{+1}Cl^{-1}$$

Somit bleibt die Summe der Valenzelektronen gleich und es geht kein verfügbares Chlor bei der Bildung hypochloriger Säure verloren. Wenn eine Substanz von HOCl oxidiert wird, nimmt das Cl^{+}-Ion der hypochlorigen Säure zwei Elektronen von der oxidierten Substanz auf und wird zu einem Chloridion mit der Ladung -1.

$$H^{+} + Cl^{-} + HOCl + 2e^{-} \rightarrow H_2O + 2Cl^{-}$$

Dieser Gewinn von zwei Elektronen per Definition zeigt: das Oxidationspotential von einem Mol HOCl ist gleichzusetzen mit einem Mol Cl_2.

Chlorlösungen können mit Natrium- oder Calciumhydroxid gepuffert werden:

$$NaOCl + H_2O \rightarrow HOCl + Na^{+} + OH^{-}$$

$$Ca(OCl)_2 + 2H_2O \rightarrow 2HOCl + Ca^{2+} + 2OH^{-}$$

Natriumhypochlorit ist das meist verwendete Hypochlorit für die Trinkwasser- und Abwasserbehandlung.

Natriumhypochlorit wird aus der Reaktion von Natronlauge mit Chlor generiert:

$$2NaOH + Cl_2 \rightarrow NaOCl + NaCl + H_2O + \text{Wärme}$$

Folgende Empfehlungen gelten für den Umgang mit Natriumhypochlorit, um die Bildung von Chloriten und Chloraten während der Lagerung und der Lieferung zu minimieren [3, S.114 ff.]:

- Lagerung bei Raumtemperatur
- Verdünnen auf 10 % w/w Natriumhypochlorit
- Lagerungszeit minimieren

Es müssen Vorkehrungen getroffen werden, dass nur Hypochlorit in einem dafür vorgesehenen Tank gelagert wird. Eine saure Chemikalie würde molekulares Chlor aus der Hypochloritlösung austreiben, was eine hohe Explosionsgefahr zur Folge hätte. Eine weitere Gefahr besteht, wenn Chlor und Ammoniak zur Trinkwasserbehandlung verwendet werden. Wenn Ammoniumhydroxid mit Hypochlorit gemischt wird, können tödliche Konzentrationen von Stickstofftrichlorid entstehen; der Grenzwert liegt bei ≤0,5 mg/m³ [8].

Eine Chlorgaslösung mit pH 2-3 wird immer effektiver sein als eine Hypochloritlösung mit pH 11-12 zum Zeitpunkt der Anwendung, weil mehr des reaktiven HOCl vorliegt und möglicherweise auch das sehr reaktive molekulare Chlor vorkommen kann. Bei pH 11-12 ist das HOCl fast komplett dissoziiert in das ineffektive Hypochlorit-Ion:

$$HOCl \leftrightarrow H^{+} + OCl^{-}$$

Abbildung 3-4 zeigt, dass bei 20 °C und einem pH-Wert von 7,6 die hypochlorige Säure zur Hälfte dissoziiert vorliegt. Ab einem pH von 8,5 sind nur noch 10% der hypochlorigen Säure undissoziiert:

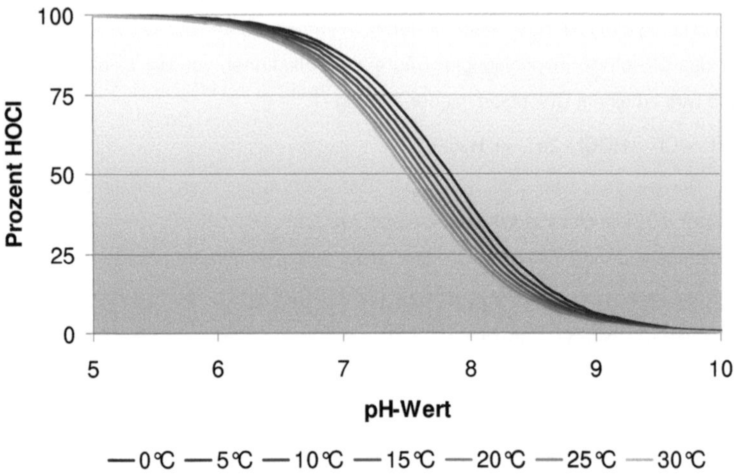

Abbildung 3-4 Prozentanteil HOCl in Abhängigkeit des pH-Wertes [Werte aus 3, S. 218]

Faktoren, die die Effizienz der keimtötende Wirkung von Chlorverbindungen beeinflussen [3, S. 266 ff.]:

- Art des Desinfektionsmittels (Art der Chlorverbindung)
- Konzentration des Desinfektionsmittels
- Kontaktzeit mit dem Desinfektionsmittel
- Temperatur
- Art und Konzentration des Organismus
- pH-Wert

Hypochlorige Säure ist die effektivste aller Chlorverbindungen. Die gute Desinfektionswirkung ist auf die leichte Penetration des HOCl durch die Zellwände der Mirkoorganismen zurückzuführen. Die Penetration ist mit der von Wasser vergleichbar: Hypochlorige Säure hat ein geringes Molekulargewicht (MG: 52,5 g/mol) und ist elektrisch neutral. Hohe Temperaturen beschleunigen die Penetration, niedrige Temperaturen hemmen diese. Die bleichende und bakterizide Wirkung beruht auf der Oxidationswirkung des beim Zerfall der freien hypochlorigen Säure auftretenden Sauerstoffs. Das bei der Dissoziation der hypochlorigen Säure entstehende OCl^- Ion kann nicht durch die Zellwand penetrieren, bzw. wird eine hohe Aktivierungsenergie aufgrund der negativen Ladung benötigt [9]. Die desinfizierende Kraft ist direkt proportional der Konzentration an HOCl, also auch eine Funktion des pH-Wertes [10].

Untersuchungen von Fair et al. [11] zur Abtötung von Endosporen der Gattung Entamoeba histolytica zeigen die Unterschiede in der Effizienz der Abtötung von HOCl gegenüber OCl-, dargestellt in Tabelle 3-3. Die Ausgangskeimzahl entspricht 30 Zellen pro mL, der Temperaturbereich liegt zwischen 3 und 23℃, die Kontaktzeit beträgt 30 Minuten.

Tabelle 3-3 Die relative Effizienz für die Zellinaktivierung [3, S.269]

Temperatur [℃]	Verhältnis der Effizienz OCl^- zu HOCl
3	1/150
10	1/200
18	1/250
23	1/300

Für die Abtötung von aeroben Sporen werden 0,1-0,2% NaOCl benötigt, wobei die Wirkung durch pH-Wert und Temperatur stark beeinflusst wird. Im alkalischen Bereich (pH 11) ist eine 0,05%ige Natriumhypochloritlösung bei 20℃ nach 30 Minuten Einwirkzeit nicht in der Lage, Sporen von Bacillus subtilis abzutöten [2].

Wie die folgende Abbildung 3-5 verdeutlicht, hängt das Redoxpotential einer Hypochloritlösung vom pH-Wert und der Beschaffenheit des Wassers ab, in dem es gelöst ist:

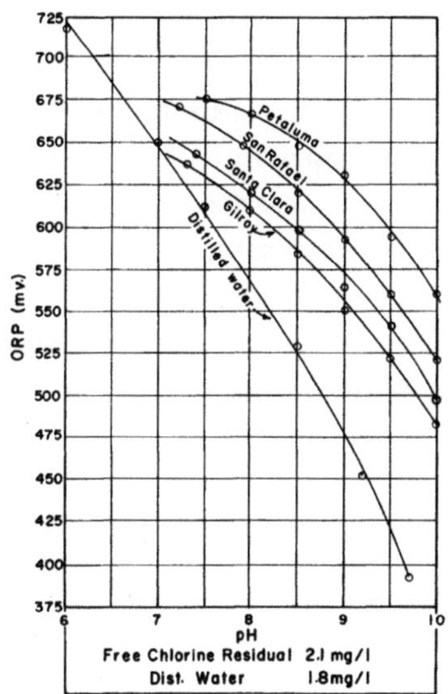

ORP = Oxidation Reduction Potential (Redoxpotential)

Abbildung 3-5 Abhängigkeit des Redoxpotentials vom pH-Wert [3, S. 281]

Wie in Abbildung 3-5 dargestellt, führen höhere pH-Werte zu einer Abnahme des Redoxpotentials. Die Verdünnung in verschiedenen Wässern bedingt bei gleich bleibendem Gehalt an freiem Chlor Unterschiede im Redoxpotential.

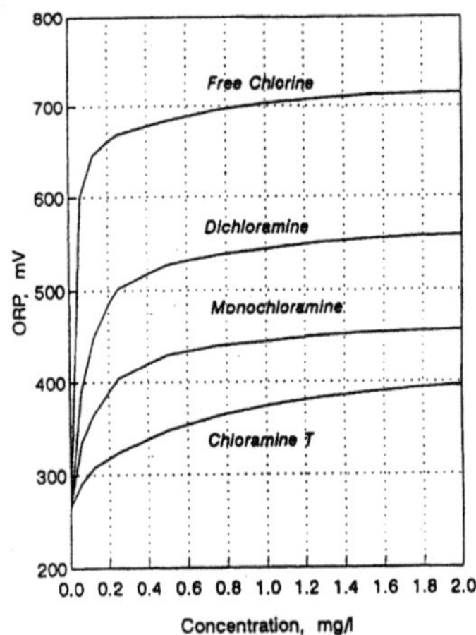

Abbildung 3-6 Redoxpotential Chlorverbindungen in Abhängigkeit der Konzentration [3, S. 282]

Nach Abbildung 3-6 steigt das Redoxpotential bei allen Verbindungen bis zu einer Konzentration von etwa 0,2 mg/L exponentiell an, bei weiteren Konzentrationserhöhungen ändert sich der Wert nicht mehr wesentlich. Somit kann die Konzentration einer Hypochloritlösung nicht über das Redoxpotential bestimmt werden, es muss das freie Chlor gemessen werden.

Das Auftreten von Geschmacks- und Geruchsbeeinträchtigungen mittels Chlorierung ist unwahrscheinlich, solange die einzelnen Chlorverbindungen die in Tabelle 3-4 ausgewiesenen Mengen in Wasser nicht überschreiten:

Tabelle 3-4 Geschmacksschwellenwerte einzelner Chlorverbindungen [3, S.444]

Freies Chlor (HOCl)	20,0 mg/L
Monochloramine (NH2Cl)	5,0 mg/L
Dichloramine (NHCl2)	0,8 mg/L
Stickstofftrichloride (NCl3)	0,02 mg/L

Infolge der Reaktion von Chlor mit aromatischen Verbindungen kann es zur Bildung von Chlorphenolen kommen, welche einen unangenehmen, muffigen Apothekengeruch hervorrufen [7].

Viele der in Tabelle 3-5 aufgeführten Chlornebenprodukte, die bei der Desinfektion entstehen, haben mutagene oder karzinogene Eigenschaften [12].

Tabelle 3-5 Chlornebenprodukte [13]

Klasse	Prozentanteil am Gesamtgehalt halogenierter Nebenprodukte
Trihalomethane (THM)	37-58 %
Haloessigsaure Säuren (HAAs = Haloacetic acids)	22-36 %
Haloacetonitrile (HAN)	3-7 %
Haloaldehyde	2-4 %
Haloketone (HK)	1-3 %
Halonitromethane	
Halonitrile	
Halophenole	
Halofuranone	

Die Bildung von THM ist weitgehend unabhängig vom pH-Wert. Der Gehalt an THM und HAA steigt mit der Temperatur [14]. Eine vorhergehende Behandlung des Wassers mit Ozon und die anschließende Desinfektion mit Chlor oder Chloraminen kann die Konzentration halogenierter Nebenprodukte reduzieren [15].

Chlordioxid

Chlordioxid wurde von Sir Humphrey Davy 1814 entdeckt. Er erzeugte das Gas, indem er hochprozentige Schwefelsäure in Kaliumchlorat goss [16]. Heute wird es meist aus Salzsäure und Natriumchlorat hergestellt:

$$2NaClO_3 + 4HCl \rightarrow 2ClO_2 + Cl_2 + 2NaCl + 2H_2O$$

Zur Herstellung kleiner Chlordioxidmengen wird Natriumchlorit ($NaClO_2$) verwendet. Dies ist teurer als Natriumchlorat, eignet sich aber besser für kleinere Produktionen mit günstigem Equipment.

$$5NaClO_2 + 4HCl \rightarrow 4ClO_2 + 5NaCl + 2H_2O$$

Die Herstellung von Chlordioxid kann auch mit Hilfe von Natriumchlorit und Schwefelsäure erfolgen, allerdings ist hier die Ausbeute wesentlich geringer.

Durch Elektrolyse einer Chlorit-Lösung entsteht ebenfalls Chlordioxid. Die ersten elektrochemischen Generatoren haben jedoch zu einer inakzeptablen Menge an Chlorat geführt. Erst nach der Teilung der Zelle mittels einer Kationen-Tauscher-Membran konnte dieser Effekt unterbunden werden.

$$NaClO_2 + H_2O \rightarrow ClO_2 + NaOH + 1/2H_2$$

Abhängig von der Konzentration ist das Gas gelbgrün bis orangefarben. ClO_2 ist in Wasser undissoziiert löslich und wird z.B. durch Luft leicht wieder ausgetrieben. Wegen seiner explosiven Eigenschaften kann ClO_2 nur am Ort der Verwendung hergestellt werden [10]. Die maximale Zugabe von Chlordioxid zum Trinkwasser beträgt 0,4 mg/L, nach Abschluss der Behandlung dürfen maximal 0,2 mg/L und müssen mindestens 0,05 mg/L nachweisbar sein [17].

In den frühen 70er Jahren wurde entdeckt, dass Chlordioxid nicht zur Bildung von Trihalogenmethanen (THM) führt und sogar Vorstufenprodukte für die Bildung von THM effektiv beseitigt [3, S.1154]. Der Grund ist darin zu sehen, dass Chlordioxid nicht chlorierend, sondern als Sauerstoffüberträger fungiert. Somit werden die funktionellen Gruppen der signifikanten Wasserinhaltsstoffe verändert und die Haloformentwicklung ganz oder weitgehend unterbunden [18].

Die Oxidation von Bromid zu Bromat findet bei Chlordioxid im Gegensatz zu Ozon nicht statt, die Effizienz in der Desinfektion ist unabhängig vom pH-Wert und dem Vorkommen von Stickstoff [19]. Des Weiteren entstehen keine nennenswerten Mengen an Aldehyden, Ketonen, Ketosäuren oder anderen Desinfektionsnebenprodukten, die man mit einer Ozonisierung organischer Substanzen in Verbindung bringt. Darüber hinaus ist Chlordioxid dazu in der Lage, Chlorphenolverbindungen, die durch eine Chlorierung hervorgerufen werden, abzubauen [3, S.1159]. Auch andere geruchs- und geschmacksbeeinträchtigende Substanzen wie Mercaptane und organische Sulfide werden oxidiert und somit unschädlich gemacht [3, S.1190]. Aus diesem Grund und wegen seiner bakteriziden und fungiziden Wirkung ist Chlordioxid für die Abwasseraufbereitung und für die Geschmacksverbesserung von Trinkwasser wertvoll [10].

Chlordioxid ist in der Lage Biofilme abzubauen [2,7]. Dies hängt mit der starken Oxidationskraft zusammen, die eine Oxidation der EPS-Schicht (EPS = extrazelluläre polymere Stoffe) hervorruft, wodurch die Penetration verbessert und der Zugang zu den Bakterienzellen erleichtert wird [2]. Das Chlordioxid dringt dann über die Zellwand in das Zytoplasma der Mikroorganismen ein und zerstört diese durch den Abbau lebenswichtiger Aminosäuren [20].

Die Wirkung von Chlor und Chlordioxid hängt vom pH-Wert ab. Beim pH-Wert 6,5 tötet Chlor Escherichia coli in geringeren Konzentrationen als Chlordioxid. Wird der pH-Wert auf 8,5 angehoben, so erkennt man ein Nachlassen der Wirkung von Chlor in geringen Konzentrationen, die von Chlordioxid wird eher noch gesteigert [3, S.1186]. Im neutralen Bereich angewendet, führt Chlordioxid in Konzentrationen bis zu 15 ppm nicht zur Korrosion von Edelstahl [21].

Chlorit und Chlorat [3, S.1180] bzw. Chlorit und Chlorid [16] sind die hauptsächlichen Nebenprodukte, die bei der Verwendung von Chlordioxid entstehen können. Das Chlorit-Ion kann dabei einmal aus dem Herstellungsprozess selbst kommen, wenn mit Chlorit-Lösungen gearbeitet wird und diese nicht vollständig umgesetzt werden. Die größere Menge jedoch resultiert aus der Reduktion von Chlordioxid aufgrund dessen Reaktion mit organischen Stoffen. Chlorat kann auf unterschiedliche Weisen im Chlordioxid entstehen, zum einen über die Oxidation von Chlordioxid, wenn ein Überschuss an Chlor oder Hypochlorit besteht:

$$ClO_2^- + HOCl \rightarrow ClO_3^- + Cl^- + H^+$$

$$ClO_2^- + Cl_2 + H_2O \rightarrow ClO_3^- + 2Cl^- + 2H^+$$

Des Weiteren kann das Chlorat direkt aus Verunreinigungen des Natriumchlorits herrühren und wenn die Lösung über das Mindesthaltbarkeitsdatum hinaus verwendet wird oder extremen Temperaturbedingungen ausgesetzt ist [3, S.1183]. Mittels photolytischer Zersetzung von Chlordioxid kommt es über das Zwischenprodukt Chlorit ebenfalls zur Chloratbildung [22]. Diese Reaktionen sind jedoch noch nicht vollständig untersucht. Um die Entstehung von Chlorat zu vermeiden sind zwei grundsätzliche Maßnahmen zu treffen: niemals Chlordioxid mit anderen Oxidantien wie z.B. Ozon mischen und die Lösung vor Lichteinfluss schützen [3, S.1184]. Die Stabilität von Chlordioxid in Lösung steigt mit der Verdünnung: je konzentrierter die Lösung, desto schneller die Zersetzung [23].

Folgende giftigen Eigenschaften werden ClO_2, Chlorit und Chlorat zugeschrieben [3, S.1191 ff.]:

- Chlordioxid kann Augen-, Nasen-, Hals- und Lungenirritationen hervorrufen, über längere Zeit wirkend kann es zu Bronchitis oder Lungenödemen führen. Erkrankungen sind aber nicht häufig und Chlordioxid steht auch nicht im Verdacht, krebserregend zu sein.
- In Tierversuchen wurde herausgefunden, dass Chlorit oxidative hämolytische Anämie hervorrufen kann.
- Chlorat und Bromat können die Versorgung von Dialysepatienten mit Blut negativ beeinflussen.

Die vorläufigen Richtwerte für Chlorit und Chlorat werden mit 0,7 mg/L angegeben [24]. Der unbedenkliche Gehalt an Perchlorat im Trinkwasser wurde auf 15 µg/L, bzw. 0,015 mg/L festgelegt [25].

3.1.2 Gegenüberstellung der chemischen Desinfektionsmittel Wasserstoffperoxid, Peressigsäure und Ozon

Ozon

Nach White [3, S.1205 ff.] unterscheiden sich die Desinfektionswirkungen von Ozon und Chlor wesentlich. Ozon löst die Zellwand von Bakterien auf, es findet also eine Art Lyse statt. Die Desinfektionswirkung von Ozon bleibt innerhalb eines pH-Bereiches von 6 bis 8,5 weitgehend konstant. Je höher die Wassertemperatur, desto geringer ist der Massentransfer von Ozon und desto geringer der keimtötende Effekt. Ozon zerstört phenolische Verbindungen, die Fehlgeschmäcke in Trinkwässern hervorrufen können. Die Löslichkeit von Ozon in Wasser ist zwar höher als die von Sauerstoff, aber aufgrund eines niedrigeren Partialdrucks ist es schwierig, unter normalen Temperatur- und Druckverhältnissen eine höhere Konzentration als wenige mg/L zu generieren. Die Löslichkeit von Chlorgas ist 7 mal höher als die von Ozon, die von Chlordioxid ist sogar 94 mal höher.

Ozon zerfällt in Wasser, was mehr mit seiner starken Oxidationskraft als mit seinem Abbau zusammenhängt:

$$\begin{aligned} O_3 + H_2O &\rightarrow HO_3^+ + OH^- \\ HO_3^- + OH^- &\rightarrow 2HO_2 \\ O_3 + HO_2 &\rightarrow HO + 2O_2 \\ HO + HO_2 &\rightarrow H_2O + O_2 \end{aligned}$$

Wenn Ozon mit Wasserstoffperoxid reagiert, entsteht ein Hydroxylradikal. Bei der Reaktion von Ozon mit Chlorkomponenten werden diese nach folgenden Reaktionen [3, S.1213] zersetzt:

$$\begin{aligned} O_3 + OCl^- &\rightarrow O_2 + [Cl-O-O^-] \rightarrow 2O_2 + Cl^-(77\%) \\ 2O_3 + OCl^- &\rightarrow 2O_2 + ClO_3^-(23\%) \end{aligned}$$

Für die Gleichungen gilt OCl^- anstelle von HOCl, da die undissoziierte Form nicht reagiert. Somit entstehen aus einer vollständig ozonisierten Hypochloritlösung 77% Chlorid und 23% Chlorat.

Ozon kann Huminsäuren zerstören, welche die Ausgangsprodukte für die THM-Bildung sein können [3, S.1214]. Der Ursprung zur Bildung von Ozon-Nebenprodukten liegt im Vorkommen organischer Verunreinigungen und Bromid-Ionen [18,26], welche deshalb vor der Behandlung des Wassers weitgehend eliminiert werden sollten.

Ozon besitzt - verglichen mit Chlor - eine deutlich größere Desinfektionskraft, was durch Abbildung 3-7 verdeutlicht wird:

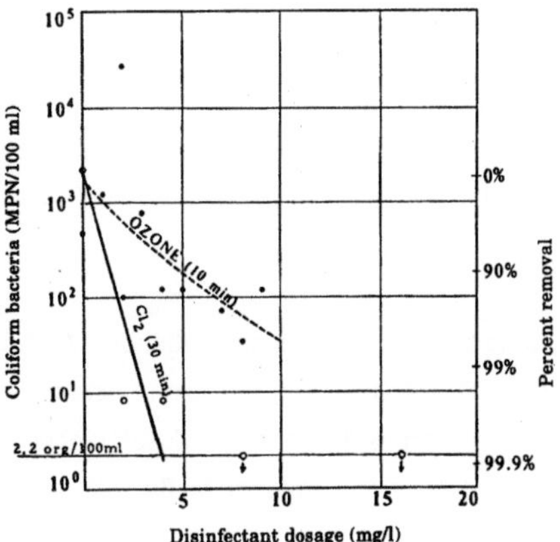

Abbildung 3-7 Vergleich der Abtötungswirkung von Ozon und Chlor auf coliforme Bakterien [3, S.1241]

Die Generierung von Ozon erfolgt z.B. in einem Ozon-Generator. Hierbei wird eine niederfrequente Spannung an zwei ineinander gestellten, metallbeschichteten Glasrohren angelegt. In dem engen Ringraum treten dann „stille" elektrische Entladungen auf, durch welche ein trockener Sauerstoff- oder Luftstrom (1-2 bar) geleitet wird [27]. Die Generierung ist proportional zur eingespeisten Energie in den Ozon-Generator:

$$3O_2 \leftrightarrow 2O_3 + 0{,}82 kWh/kg$$

Wasserstoffperoxid

Wasserstoffperoxid ist eine klare, fast geruchlose Flüssigkeit. Für eine optimale Wirkung ist ein pH-Wert kleiner 7 erforderlich, im alkalischen Bereich erfolgt eine rasche Zersetzung.

Bei Peroxiden besitzt der Sauerstoff die Oxidationszahl -1.

$$2H_2O + O_2 \rightarrow 2H_2O_2$$

Der Sauerstoff ist bestrebt, die Oxidationszahl -2 zu erreichen, indem er einen Reaktionspartner oxidiert. Mit dieser Eigenschaft hängt auch die mikrobizide Wirkung zusammen: die Sauerstoffradikale reagieren in vielfältiger Form mit den Mikroorganismen und verursachen so deren Abtötung. Die Wirkung von H_2O_2 ist stark temperaturabhängig, oberhalb von 50°C wird die Wirksamkeit deutlich verbessert. Zu niedrige Wasserstoffperoxidkonzentrationen in der Lösung können dazu führen, dass die

Entgiftungsmechanismen einiger Mikroorganismen mittels Peroxidase ausreichen, das Peroxid zu inaktivieren [1].
Wasserstoffperoxid wird im aseptischen Bereich zur Desinfektion von Packmitteln verwendet. Bei entsprechend hohen Temperaturen und Konzentrationen ist eine Keimreduktion von 5 log-Stufen bei Bacillus subtilis im Sekundenbereich möglich.

Peressigsäure

Die Peressigsäure ist eine farblose Flüssigkeit mit beißendem Geruch und wirkt stark Haut ätzend. Sie ist nie in reiner Form im Handel erhältlich, sondern immer im Gemisch mit Wasserstoffperoxid und Essigsäure. Selbst in dieser Zusammensetzung ist sie instabil und zerfällt bereits bei Raumtemperatur in geringem Maße. Sie ist sehr reaktionsfähig und oxidiert organische Substanzen, wie Phenole, Aldehyde, Ketone sowie Disulfite und Sulfhydrylgruppen. Der Wirkungsmechanismus beruht - analog zum Wirkungsmechanismus des Wasserstoffperoxids - ebenfalls auf den Eigenschaften der Peroxidgruppe. Der optimale pH–Bereich liegt bei 2,5 – 4, aber auch im alkalischen Milieu ist sie hoch wirksam [1]. Die Peressigsäure reagiert mit den Lipoproteinen im Zellinneren der Mikroorganismen, bei Gram negativen Zellen greift sie auch die äußere Lipoproteinschicht an [28].
Ein Nachteil der Peressigsäure liegt in ihrem Abbauprodukt, der Essigsäure. Dies stellt eine gewisse Beeinträchtigung der antimikrobiellen Wirksamkeit durch organische Verunreinigung dar, denn Essigsäure dient einzelnen Mikroorganismen als Nährstoff.
Die Peressigsäure wird ebenso wie Wasserstoffperoxid zur Packmittelentkeimung im aseptischen Bereich eingesetzt, die Temperaturen und Konzentrationen sind hier im Vergleich allerdings geringer.

3.2 Einfluss von Desinfektionsmitteln auf Getränke

Rückstände von Desinfektionsmitteln in Verpackungsmaterialien können die Qualität der Produkte negativ beeinflussen. Oxidativ wirkende Mittel bewirken auch in geringen Konzentrationen eine Oxidation der Getränkeinhaltsstoffe. Aufgrund des Sauerstoffeinflusses können z.B. Vitamin C abgebaut und unerwünschte Farb- und Aromaveränderungen mittels nichtenzymatischer Phenolreaktionen hervorgerufen werden [29]. Desinfektionsmittelrückstände sind deshalb so gering wie möglich zu halten, bzw. beim Verarbeitungs- und Abfüllprozess ist darauf zu achten, dass keine Desinfektionslösung direkt in das Getränk gelangt.

Permeation und Migration in Verpackungsmaterialien

Kunststoffe unterscheiden sich in vielerlei Hinsicht von Werkstoffen wie Metallen oder Glas. Sie weisen meist eine geringere Festigkeit auf, unterliegen einer Abnutzung durch Abrieb oder Verletzungen mittels harter Gegenstände und sind oftmals weniger temperaturbeständig [30, S.235]. Andererseits sind sie fast beliebig formbar, günstig in der Herstellung, leicht und oftmals kaum zerbrechlich.

PET ist aufgrund seines linearen Kettenaufbaus, der hohen Reiß- und Abriebfestigkeit sowie dem niedrigen Reibungskoeffizienten ein technisch interessanter Werkstoff [31]. In der Getränkeindustrie haben PET-Flaschen die Glasflaschen in weiten Teilen vom Markt verdrängt, insbesondere im Mineralwasserbereich wird in Deutschland ein Großteil über Einweg PET-Flaschen vertrieben. Die Flaschen sind leichter und bruchsicherer als Glasflaschen und somit für den Konsumenten komfortabel in der Handhabung. Außerdem werden Energiekosten für den Transport gesenkt. Aufgrund der Permeation von Gasen durch die Flaschenwandung erscheinen diese zunächst ungeeignet für die Abfüllung hoch karbonisierter bzw. Sauerstoff empfindlicher Getränke. Die Permeation erfolgt in Richtung des Konzentrationsgefälles: so permeiert z.B. das Kohlendioxid der Softdrinks von innen nach außen und Sauerstoff bei Säften von außen nach innen. Dies führt zu erheblichen Einbußen der Getränkequalität. Mittels Blends, Multilayer oder Beschichtung der PET-Flaschen werden wirksamere Gasbarrieren und somit eine längere Haltbarkeit der Produkte erreicht.

Nicht nur Inhaltsstoffe der Getränke können in das PET migrieren, sondern auch Bestandteile von Reinigungs- und Desinfektionsmitteln. Die Geschwindigkeit der Migrationsprozesse hängt, ebenso wie die der Schmutzablösung oder der Keimabtötung, wesentlich von der herrschenden Temperatur ab [30, S.241]. Hohe Temperaturen führen zu schnellerer Eigenbewegung der Teilchen und beschleunigen somit die Migration. Dies stellt unter anderem bei dem Entkeimungsprozess von PET-Flaschen mit Wasserstoffperoxid ein Problem dar, da dieser unter vergleichsweise hohen Temperaturen abläuft. Das Peroxid migriert in die Wandung der Flasche und wird nach dem Befüllen an das Getränk abgegeben. Je wärmer die eingefüllte Flüssigkeit ist, desto schneller verläuft auch hier der Migrationsprozess. In Mineralwasser kann das Peroxid somit über lange Zeit nachweisbar sein, bei Sauerstoff empfindlichen Getränken führt es zu negativen Veränderungen der Getränkeinhaltsstoffe. Die Migrationseigenschaften sind wissenschaftlich noch unzureichend untersucht.

3.3 Elektrodiaphragmalyse

Unter dem Begriff Elektrodiaphragmalyse werden die Verfahren zur Herstellung von sauren, desinfizierend wirkenden Anolytlösungen und alkalischen, reinigend wirkenden Katholytlösungen zusammengefasst. Als Elektrolyt wird zumeist eine gering konzentrierte Natriumchloridlösung verwendet, in einigen Fällen auch eine Kaliumchloridlösung. Der Ursprung der Elektrodiaphragmalyse liegt in der bereits beschriebenen Chloralkalielektrolyse zur Herstellung von Chlor bzw. Natronlauge.

3.3.1 Elektrolyse

Bei einer Elektrolyse wird der anolytische Teil des Elektrolyts im Anodenraum einer geteilten Zelle durch anodische Oxidation elektrochemisch verändert; das Katholyt wird dementsprechend durch kathodische Reduktion im Kathodenraum verändert.

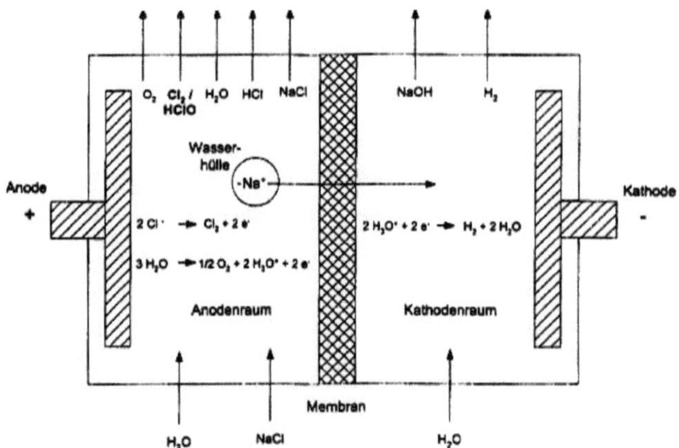

Abbildung 3-8 Verfahrensprinzip der Chlorelektrolyseanlage mit Membran geteilter Elektrolysezelle bei Einsatz von Natriumchlorid als Betriebsmittel [32]

Die Zusammensetzung der elektrochemisch aktivierten Lösungen kann über die Variation des Elektrolyten zusammen mit baulichen Veränderungen der Zellen beeinflusst werden, um eine optimale Anpassung an die Anforderungen unterschiedlicher Einsatzgebiete zu erzielen. Einige andere Variablen sind Flussrate, Flüssigkeitsdruck, Stromdichte und die Stromspannung der Elektroden. Das Katholyt kann in den Anodenraum zurückgeleitet werden und den pH-Wert des Anolyts anpassen [33,34]. Das Design der Zelle sollte derart gestaltet sein, dass ein einheitliches Hochspannungsfeld entsteht, durch welches das gesamte Wasser geleitet wird. Diese einpolige elektrochemische Aktivierung, hervorgerufen von einem Potentialgefälle mit Millionen Volt pro cm^2 zwischen dem anodischen und dem kathodischen Pol, führt zu Lösungen, deren pH, Redoxpotential und andere physikalisch-chemische Eigenschaften außerhalb dessen liegen, was mit konventionellen chemischen Mitteln erreicht werden kann [33]. Die Wirkung von Anolyt bei gleicher Konzentration ist um ein Vielfaches größer, als die Wirkung von einfacher hypochloriger Säure. Dies liegt an der geleisteten elektrischen Arbeit, die nicht vollständig in den chemischen Reaktionsprozessen und in der freigesetzten Wärme liegt. Ein Teil wird in Form von innerer potentieller Energie in den Molekülen der Lösung gespeichert und senkt somit deren Aktivierungsenergie für chemische Reaktionen. Den physikalisch-theoretischen Hintergrund hierfür liefert die Fundamental Field Theory von I.L. Gerlovin [35].

3.3.2 Chemische und physikalische Eigenschaften von Anolyt und Katholyt

Der Markt bietet eine Vielzahl elektrodiaphragmatisch hergestellter Desinfektionsmittel. Jeder Hersteller hat seine eigene Bezeichnung gewählt, die als Markenname des eigenen Produkts dient. Electrolyzed water ist ein englischer Überbegriff für die Lösungen, die im Einzelnen als Acidic Electrolyzed Water (AEW), Neutral Electrolyzed Water (NEW) und Basic Electrolyzed Water (BEW) bezeichnet werden [36]. Auch die Bezeichnung Electrolyzed Oxidizing Water (EO) findet man oft in Veröffentlichungen, insbesondere wenn die Wissenschaftler das hohe Redoxpotential der Lösungen herausstellen wollen [37].

In dieser Arbeit werden die desinfizierend wirksamen Lösungen allgemein unter dem Begriff Anolyt zusammengefasst, da dies die physikalische Bezeichnung der im Anodenraum einer Elektrolysezelle entstehenden Flüssigkeit ist. Es erfolgt eine Nummerierung der Anolyte, da einzelne Untersuchungen mit Produkten unterschiedlicher Hersteller vorgenommen wurden.

Die Eigenschaften der Anolyte und Katholyte werden in unterschiedlichen Publikationen beschrieben:

Das ECA-Verfahren wurde bereits zu Beginn der Jahrhundertwende von der University of Pretoria in Südafrika näher untersucht [38]. Die Abkürzung ECA bedeutet Elektro Chemische Aktivierung. Der verdünnte Elektrolyt wird hierbei durch eine zylindrische Elektrolysezelle geleitet, welcher den Anoden- und den Kathodenraum durch eine permeable Membran trennt. Während dieser elektrochemischen Aktivierung sollen drei Produktklassen entstehen:

- Stabile Produkte – dazu zählen Säuren (beim Anolyt) und Basen (beim Katholyt), die bekanntermaßen den pH-Wert der Lösung beeinflussen, aber auch andere aktive Spezies.
- Hoch aktive unstabile Produkte – darunter fallen freie Radikale und andere aktive Ionenformen mit einer typischen Lebensdauer von weniger als 48 Stunden. Mit eingeschlossen sind hierbei elektrisch und chemisch aktivierte Mikroblasen des Elektrolysegases, welche 0,2-0,5 µm im Durchmesser sind und in Konzentrationen bis zu 10^7/mL fein verteilt in der gesamten Lösung vorliegen. Alle diese Produkte führen zu einem erhöhten Redoxpotential des Anolyts, welches reduzierend wirkt.
- Meta-stabile Strukturen – dies sind Strukturen, die an oder nahe der Elektrodenoberfläche aufgrund des sehr hohen Spannungsabfalls (10^7 V/cm²) entstehen. Dies sind freie Gefüge der Hydrathülle der Ionen, Moleküle, Radikale und Atome. Die Größe dieser Wassercluster ist auf etwa 5-6 Moleküle pro Cluster reduziert. Dadurch werden die katalytischen, biokatalytischen und die Diffusionseigenschaften des Wassers unterstützt.

Folgende Reaktionsprodukte können bei der Elektrodiaphragmalyse entstehen [37]:

Anodische Seite:

Bildung von freien Radikalen, aktivem Sauerstoff und Wasserstoffperoxid

$$H_2O = H^+ + {}^\bullet OH + e^-$$

$${}^\bullet OH + {}^\bullet OH = H_2O_2$$

$$H_2O = {}^\bullet O + 2H^+ + 2e^-$$

$$O_2^- = 2O + e^-$$

Bildung von Ozongas

$$3H_2O = O_3 + 6H^+ + 6e^-$$

$${}^\bullet O + O_2 + O_3, O + O_2 = O_3$$

$$O_2 * H_2O = O_3 + 2H^+ + 2e^- (E^0 = 2{,}07 V)$$

Bildung von Sauerstoffgas

$$2H_2O = O_2 + 4H^+ + 4e^-$$

$$4OH^- = O_2 + 2H_2O + 4e^-$$

$$H_2O_2 = O_2 + 2H^+ + 2e^-$$

$$2Cl_2 + 2H_2O = 4H^+ + 4Cl^- + O_2$$

Bildung von Sauerstoffgas und Chlorgas

$$2Cl^- + O_3 + 2H^+ = O_2 + Cl_2 + H_2$$

$$2Cl^- + 2O_3 = 3O_2 + Cl_2 + 2e^-$$

Bildung von Chlorgas und gelöstem Chlor

$$2Cl^- = Cl_2(g) + 2e^- \ (E^0 = 1{,}359 V)$$

$$2HOCl + 2H^+ + 2e^- = Cl_2 + 2H_2O \ (E^0 = 1{,}63 V)$$

$$Cl_2(g) = Cl_2(aq)$$

Bildung hypochloriger Säure

$$Cl_{2(aq)} + H_2O = HCl(= H^+Cl^-) + HOCl$$

$$Cl^- + H_2O = HOCl + H^+ + 2e^-$$

$$2Cl^- + H_2O = HOCl + HCl + 2e^-$$

$$2Cl^- + H_2O_2 = 2HOCl + 2e^-$$

$$ClO^- + H_2O = HOCl + OH^-$$

Bildung des Hypochlorit-Ion, etc.

$$Cl_{2(aq)} + 2OH^- = ClO^- + Cl^- + H_2O$$

$$Cl_{2(aq)} + H_2O = ClO^- + Cl^- + 2H^+$$

$$HOCl = ClO^- + H^+$$

$$2HOCl + ClO^- = ClO_3^- + 2Cl^- + 2H^+$$

Kathodische Seite:

Bildung von Wasserstoffgas

$$2H_2O + 2e^- = H_2 + 2OH^- \ (E^0 = -0{,}828 V)$$

$$2H_2O = H_2 + 2^{\bullet}OH$$

Bildung von Wasserstoff und Natriumhydroxid

$$2Na^+ + 2H_2O + 2e^- = H_2 + 2NaOH$$

$$2Na + 2H_2O = H_2 + 2NaOH$$

$$Na^+ + OH^- = NaOH$$

Bildung des Hydroxid-Ion und Ausscheidung von Natrium

$$Na^+ + e^- = Na$$

$$2^{\bullet}OH + 2e^- = 2OH^-$$

$$O_2 * 2H_2O + 4e^- = 4OH^-$$

Das Anolyt liegt in einem pH-Bereich von 2 bis 9 und hat ein Redoxpotential von +400 mV bis +1200 mV. Katholyt hat einen pH-Bereich von 11 bis 13 und ein Redoxpotential von etwa -900 mV. Anolyt soll aufgrund seiner Mischung von freien Radikalen ein oxidierend wirkendes Mittel sein und einen antimikrobiellen Effekt haben. Das Katholyt soll reduzierende und oberflächenaktive Eigenschaften besitzen und ist aufgrund des niedrigen Redoxpotentials leicht oxidierbar [39].

Nach einer Untersuchung von Kim et al. [40] steigt das Redoxpotential einer Anolytlösung, wenn sie gefroren und wieder geschmolzen wird. Dies wird auf die Abtrennung der in der ursprünglichen Lösung vorhandenen Natriumionen, weiterer im Wasser vorhandenen Ionen und des Wasserstoffgases zurückgeführt. Beim Einfrierprozess werden diese nicht in die Kristallgitter eingebaut. Diese These wird durch Untersuchungen von Stevenson et al. [41] gestützt, bei denen die Verwendung von Leitungswasser und Salz anstelle von destilliertem Wasser und Salz zu einem geringeren Anstieg des Redoxpotentials bei der Elektrolyse führte.

Das Anolyt enthält als mikrobiologisch wirksamen Bestandteil hypochlorige Säure [42,43,44,45], welche über die Messung von freiem Chlor bestimmt werden kann. Allgemein zählen zu freiem Chlor alle frei vorliegenden Formen des Chlors wie HOCl, Cl_2 und OCl^- [42]. Mit Erhöhung der Konzentration von NaCl in der Ausgangslösung [46], der Erhöhung der Spannung [9,47,48], Verlängerung der Elektrolysezeit [49,50], Verringerung der Flussrate [51] und bestimmtem Elektrodenmaterial (siehe Abbildung 3-9) [52] werden höhere Konzentrationen an freiem Chlor erzielt. Durch die Verwendung von inerten Spezialelektroden werden unerwünschte zusätzliche chemische Reaktionen bei der Elektrolyse verhindert [53,54].

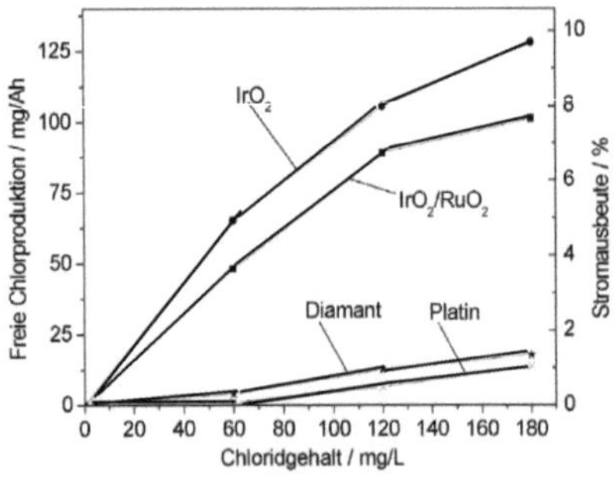

Abbildung 3-9 Abhängigkeit der elektrochemischen Produktion von freiem Chlor vom Chloridgehalt des Wassers an ausgewählten Elektrodenmaterialien [52]

In einer amerikanischen Studie wird das Vorhandensein anderer stark oxidierend wirksamer Substanzen neben dem freien Chlor als unzweifelhaft angesehen. Reaktive und toxische Verbindungen wie Ozon, $O^{\cdot}$-, $Cl^{\cdot}$- und $OH^{\cdot}$-Radikale sollen die desinfizierende Wirkung unterstützen [44]. Ein deutscher Hersteller wirbt damit, das Anolyt bestehe zu 99% aus natürlich vernetztem Wasser, welches durch Ausbildung von Wasserstoffbrücken entstehe. Eine positive Ladung könne sich durch das Wassernetzwerk fortbewegen und somit die Elektronen auf der Zellmembran abfangen [55,56].

Die Wasserbeschaffenheit der Elektrolytlösung hat einen direkten Einfluss auf die Parameter des Anolyt. Sollte Anolyt beispielsweise vor Ort in Stallungen hergestellt werden, wäre es unpraktikabel, destilliertes Wasser einzusetzen; hier würde Oberflächenwasser oder Grundwasser Verwendung finden. Diese Wässer bringen im Vergleich zu destilliertem Wasser geringere Redoxpotentiale in der Anolytlösung hervor, was unter anderem mit der organischen Belastung und dem Mineralgehalt zusammen hängt. Die Anwendungskonzentration muss deshalb an die Wasserqualität angepasst werden, um eine konstante Desinfektionsleistung zu erreichen [57].

Eines der größten Probleme für Forscher des Mechanismus der Anolyte liegt in dem Status der Metastabilität des Wassers nach der elektrochemischen Einwirkung begründet. Es ist extrem schwierig abzuschätzen, welchen elektrochemischen Effekt die Elektrodenumgebung auf die physikalischen und chemischen Komponenten hat. Bis jetzt wurde dieses Problem noch nicht zufrieden stellend gelöst, dies stellt aber kein Hindernis für die weite praktische Anwendung dieser Mittel dar [38].

In der Praxis wird die Konzentration des Anolyt unterschiedlich gemessen. Eine Leitwertmessung allein reicht für die Verwendung von Anolyt bei CIP-Prozessen nicht aus, da eine geringe Säureverschleppung falsch hohe Leitwerte liefert. In Kombination mit einer Redoxpotential-Messung ist die Kontrolle des Wirkstoffs sichergestellt [53]. Die Verwendung einer Sonde zur Messung des freien Chlors stellt wahrscheinlich die sicherste Variante dar, ist aber in der Literatur noch nicht erwähnt.

Einfluss der Lagerbedingungen

Hypochlorige Säure und ihr Anion, das Hypochlorit, unterliegen einem temperaturabhängigen Zerfall [58], auch Licht und Schwermetallspuren können zu einer vermehrten Zehrung führen [59]. Während der Lagerung von Anolyt in luftdicht verschlossenen Glasflaschen bei 4 und 25°C bleiben der pH-Wert und das Redoxpotential innerhalb von drei Tagen konstant. Das Redoxpotential von Katholyt steigt nach einem Tag an. Die Lagerbedingungen von 25°C führen zu einer Abnahme des freien Chlors und des Gesamtchlorgehalts, was sowohl an dem Öffnen der Flaschen zum täglichen Messen und an einer Zersetzung des Chlors liegen könnte. Die Lagerung von 4℃ führt zu einem Anstieg des Gehalts an freiem Chlor nach einem Tag, das Gesamtchlor hingegen nimmt ab [60].

Durch Rühren in einem offenen Becherglas wird der Gehalt von 55 ppm freiem Chlor im Anolyt innerhalb von 30 Stunden vollständig abgebaut. Ohne Rühren dauert der Abbau 100 Stunden. Unter offenen Bedingungen besteht kein signifikanter Einfluss des Lichts im Gegensatz zu geschlossener Lagerung. In verschlossenen Gefäßen beschleunigt das Rühren den Abbau nicht [61].

Koseki et al. [62] fanden heraus, dass dunkel und geschlossen gelagerte Anolyte für etwa ein Jahr konserviert werden können. Sind sie dem Licht ausgesetzt, werden sie nach drei Tagen bereits mikrobiologisch unwirksam, wenn auch der pH-Wert über ein Jahr stabil bleibt. Die Qualität der Katholyte wird bei allen Lagerbedingungen stark beeinflusst.

Eine Lagerung in luftdichter Flasche bei 4℃ für 24 Stunden hat praktisch keinen Einfluss auf die mikrobiologische Wirksamkeit von Anolyt [63].

Mit Abnahme des Redoxpotentials und des freien Chlors unter verschiedenen Lagerbedingungen nimmt auch die Desinfektionsleistung ab [64].

UV-Licht bewirkt den Abbau von Chlor und somit eine starke Verringerung des Redoxpotentials und der desinfizierenden Wirkung des Anolyt, sowohl in saurem als auch in neutralem pH-Bereich. Bei offener Lagerung wird dieser Effekt durch das Ausdampfen des Chlors noch verstärkt. Neutrales Anolyt erweist sich stabiler im Vergleich zu saurem [57,64]. Der hohe pH-Wert bewirkt eine geringere Ausgasung des Chlors [61].

Im Vergleich zwischen NaOCl und Anolyt wurde die hypochlorige Säure im Anolyt unter gleichen Lagerbedingungen weniger schnell abgebaut. Eine Veränderung des pH-Werts bewirkt in der NaOCl-Lösung ebenso einen schnelleren Abbau [65].

3.3.3 Mikrobiologische Eigenschaften von Anolyt und Katholyt

Die biozide Aktivität der mittels des ECA-Verfahren hergestellten hypochlorigen Säure soll 300-mal größer sein, als eine mit gängigen Systemen hergestellte Natriumhypochloritlösung. Ein nicht aktiviertes, neutrales Anolyt (d.h. nur stabile Produkte ohne elektrische Ladung) soll 80 mal so biozid wirken, wie eine konventionelle Hypochloritlösung, aber etwa nur ein Drittel des Potentials einer optimal aktivierten ECA-Lösung ausschöpfen. Somit seien aktivierte Lösungen den herkömmlichen Desinfektionsmitteln sowohl in der Wirksamkeit bei geringen Dosen, als auch hinsichtlich

der physikalisch-chemischen Reinheit überlegen. Dadurch werde die Umwelt geschont und Kosten gespart [33].
Die Zellmembran der Bakterien bildet eine osmotische Barriere für die Zelle und katalysiert den aktiven Transport von Substanzen in die Zelle. Wechsel im transmembranen Potential durch Elektronenabgabe bzw. Elektronenaufnahme sind verbunden mit starken elektroosmotischen Prozessen, begleitet von Wasserdiffusion gegen Redoxpotentialgradienten, wodurch die Membran reißt und Zellinhalte ausströmen [66]. Die eindringende Anolytlösung führt zur Schädigung von Proteinen in der Zelle [49]. Die Bakterienmembran selbst ist elektrisch geladen. Die Anionen des Anolyt greifen die Membran an. Anolyt kann aber auch andere Funktionen der Zelle stören. Anders als höhere Organismen erhalten Einzeller, wie Bakterien ihre Energie aus der direkten Umgebung der Zelle. Kleine Moleküle werden über einen elektrochemischen Gradienten durch die Zellmembran transportiert. Daraus folgt, dass jede signifikante Änderung des Redoxpotentials in der Umgebung drastische Konsequenzen für die Zelle hat. Auch wenn dies nicht zum sofortigen Tod der Zelle führt, so sind doch alle enzymatischen Funktionen der Membran betroffen, und dies wird zu einer verminderten Lebensfähigkeit der Zelle führen [66]. Mittels Aufnahme der Elektronen der Zellwand kann das Desinfektionsmittel leichter in die Zellen eindringen, reagiert dort mit den Stoffwechselprodukten und inaktiviert die Zelle [67]. Eine weitere Hypothese besagt, das Anolyt habe aufgrund seiner oxidierenden Eigenschaften einen erhöhten „Elektronenhunger“, wodurch der Energiefluss der Protonenpumpen der Zellmembran gestoppt werde und die Zelle durch die unterbundene Ver- bzw. Entsorgung absterbe. Bei Sporen und Viren komme aufgrund des fehlenden Stoffwechsels ein anderer Mechanismus zum Tragen: die oxidierende Wirkung auf die Quartärstruktur der Poren- und Zellwandproteine [68]. Die hohe Oxidationskraft könnte die Sulfhydrylverbindungen der Zelloberfläche angreifen [69].
Auf Oberflächen haftende Mikroorganismen sind schwieriger zu desinfizieren als suspensierte Zellen. Die Haftung erfolgt zunächst über die Oberflächenladung und die van der Waals Kräfte und ist reversibel. Danach findet eine irreversible Haftung über Proteine oder Polysaccharide statt [70]. Es wird eine EPS-Schicht ausgebildet, deren Menge und Zusammensetzung von der Oberfläche abhängt, auf der sie haften [71,72]. Biofilme bilden sich im Produktions- und Abfüllbereich in feuchten Schwachstellen aus, die von der Reinigung und Desinfektion unzureichend erfasst werden [73]. Im Inneren des Biofilms herrscht ein mikroaerober bis anaerober, an der Oberfläche ein aerober Zustand. Stoffwechselprodukte, pH-Wert und Nährstoffe variieren mit der Dicke des Films [74]. Die geringere biozide Sensitivität von Biofilmzellen gegenüber suspensierten Zellen könnte auf

den unterschiedlichen physiologischen Zustand und die geringere Wachstumsrate zurückzuführen sein [47,74,75]. Außerdem verhindert die Biofilmmatrix das Eindringen von Bioziden und somit den direkten Kontakt zu den Zellen, bzw. wird das Biozid bereits in der Matrix unwirksam [47,71,74,75,76]. Das Verklumpen der Zellen führt zu einer größeren Hitzeresistenz [77]. Die Anhaftung von Biofilm auf Metalloberflächen und insbesondere die sich ausbildenden anaeroben Bedingungen führen bei Edelstählen zu einer Erhöhung der Korrosionsgeschwindigkeit [78]. Eine regelmäßige Reinigung und Desinfektion ist nötig, um den Aufbau von Biofilmen zu verhindern [77,70]. Eine Kombination aus Reinigung mittels alkalischer Lösung und anschließender Desinfektion mit Hypochlorit ist eine gute Möglichkeit zur Beseitigung eines Biofilms, was die Notwendigkeit einer vorhergehenden Reinigung unterstreicht [71]. Die Behandlung der zu desinfizierenden Oberflächen mit Katholyt vor der Desinfektion mit Anolyt führt zu einem besseren Ergebnis, als die Behandlung mit Anolyt allein. Dies hängt damit zusammen, dass das Katholyt die Oberflächenspannung verringert und somit dem Anolyt besseren Kontakt zu den Zellen ermöglicht [79,80]. In Verbindung mit einem Biofilm könnte das Katholyt die EPS-Schicht destabilisieren oder auflösen und somit dem Anolyt einen besseren Zugang zu den Zellen gewähren [47,81].

Das Katholyt allein hat keinen antimikrobiellen Effekt [47]. Im Gegenteil, es kann das Zellwachstum und die Zellteilung sogar stimulieren, was vermutlich an der Erhöhung des Massentransports von Ionen und Molekülen durch die Membran liegt [82].

Raue Oberflächen führen zu schlechterem Kontakt der Desinfektionslösung mit den Mikroorganismen, so dass mindestens längere Einwirkzeiten nötig sind für ein genügendes Desinfektionsergebnis [83]. Tenside werden zur Verminderung der Oberflächenspannung eingesetzt, um einen besseren Kontakt zwischen dem Desinfektionsmittel und den Mikroorganismen zu gewährleisten. In Verbindung mit einer Hypochloritlösung wird dies erreicht, da die HOCl Moleküle in enger Wechselwirkung zu den Wassermolekülen stehen und somit der Kontakt zu den Zellen und deren Inaktivierung gefördert wird. In Kombination mit Chlordioxid funktioniert dies nicht, da ClO_2 ein gelöstes Gas ist und nicht mit den Wassermolekülen interagiert. Tenside haben hier sogar negativen Einfluss auf die Desinfektionswirkung, da sie sich an die Oberfläche der Mikroorganismen anlagern und die Zellen vor dem Chlordioxid schützen. Untersuchungen mit saurer Anolytlösung in Verbindung mit Tensiden führten zu keiner Verbesserung der Oberflächendesinfektion. Als Grund hierfür wird das Vorhandensein von gasförmigem Chlor und anderen freien Radikalen neben der hypochlorigen Säure aufgeführt, welche in ihrer Thermodynamik negativ beeinflusst werden [84].

Es wurden Untersuchungen zum Vergleich der mikrobiologischen Wirksamkeit von Anolyt und modifiziertem Wasser durchgeführt. Hierzu versetzte man destilliertes Wasser mit unterschiedlichen Komponenten, um den Gehalt an freiem Chlor, den pH-Wert und das Redoxpotential an die Werte der Anolytlösung anzugleichen. Es konnte kein Unterschied bei der Keimreduktionsleistung der beiden Lösungen festgestellt werden [46,85]. Die hypochlorige Säure erwies sich in der Anolytlösung stabiler als in der modifizierten Lösung [46].

Saures Anolytkonzentrat ist effektiver für die Desinfektion als neutrales Anolyt [51]. Die Erniedrigung der Anwendungstemperatur von 20 auf 10°C führt zu einer geringfügigen Beeinträchtigung der Desinfektionswirkung in einer Suspension [86]. Die antimikrobielle Wirkung von Anolyten ist bis heute noch nicht vollständig aufgeklärt. Man ist sich nicht einig, ob der Gehalt an freiem Chlor bzw. Hypochlorit [9,49,60,82,87,88] oder das Redoxpotential [46,57] ausschlaggebend für die Keimreduktion ist. Andere Autoren gehen davon aus, dass es eine Mischung aus dem Redoxpotential und der hypochlorigen Säure ist [43], auch der Einfluss der H^+-Ionenkonzentration auf die Keimreduktion wird erwähnt [48,92,93]. Ozon und Wasserstoffperoxid sollen ebenso zur desinfizierenden Wirkung beitragen [48,89]. Ob Wasserstoffperoxid, Ozon und Chlordioxid die mikrobielle Aktivität von Anolyt unterstützen bleibt umstritten, da diese Substanzen in frisch hergestellter Lösung nicht nachgewiesen werden konnten [51].

Durch Einstellen des pH-Werts ist die Effizienz von Anolyt zu verbessern, da somit der Gehalt an hypochloriger Säure maximiert werden kann [9]. Ein Vergleich der Desinfektionswirkung von Hypochlorit und Anolyt auf Escherichia coli und Salmonella zur Oberflächendesinfektion von Salat wies keinen signifikanten Unterschied auf [79]. Die Desinfektion von Listeria monocytogenes auf Schneidebrettern mit einer Anolytlösung war jedoch besser im Vergleich zu einer Chlorlösung gleicher Konzentration [83]. Die Inaktivierung eines Antigens des Hepatitis B Virus und von HIV, in einer Suspension vorliegend, war mit einer Anolytlösung stärker als mit einer Hypochloritlösung [90]. Die Desinfektion von Edelstahlplättchen mit NaOCl und neutralem Anolyt wurde unter gleichen Einstellungen des pH-Werts, des Redoxpotentials und des Gehalts an freiem Chlor getestet. Bei E.coli, Listeria monocytogenes und Pseudomonas aeruginosa war kein signifikanter Unterschied in der Keimreduktion, nur Staphylococcus aureus wurde von Anolyt besser abgetötet [34]. Die Behandlung von Biofilmen mit Katholyt und anschließender Desinfektion mit Anolyt oder saurer Hypochloritlösung wies keinen Unterschied zwischen den Desinfektionsmitteln auf [81]. Im Gegensatz zu einer

Chlordesinfektion wirkt sich ein länger dauernder Waschungsprozess mit Anolyt nicht steigernd auf die Keimreduktion aus [50].

Vor- und Nachteile

Als hauptsächlicher Nachteil des Anolyt wird die schnelle Zehrung der desinfizierend wirkenden Substanzen angesehen. Organischer Stickstoff reagiert umgehend mit HOCl unter Bildung von Stickstoff-Chlor-Verbindungen, so dass Proteine den Desinfektionseffekt verringern [51,90]. Die Lösung muss für eine gleichbleibend gute Desinfektion stets erneuert werden [92,91,90]. Auf eine Reinigung kann auch durch die stete Anwendung von Anolyt nicht verzichtet werden [57,36]. Der erfolgreichen Desinfektion von Endoskopen mittels Anolyt muss eine sorgfältige manuelle Reinigung voraus gehen [92,93].

Die Desinfektionslösung ändert die Farbe und die Proteinstruktur während der Oberflächenbehandlung von Thunfischen [91], die Oberflächen von Fleisch unterliegen hingegen keiner Farbveränderung [94]. Bei der Oberflächenbehandlung von Lebensmitteln sind für einen ausreichend desinfizierenden Effekt lange Behandlungszeiten notwendig, die in der Praxis nicht immer umgesetzt werden können [63,94]. Das enthaltene Chlor wirkt korrosiv auf Materialien, insbesondere hohe Konzentrationen [49] und hohe Anwendungstemperaturen [95] fördern dies. Auch das hohe Oxidationspotential, die hohen Natriumchlorid-Konzentrationen und der niedrige pH-Wert [96] führen zur Oxidation von Metallen [90]. Neutrales Anolyt ist weniger korrosiv und zudem stabiler während der Lagerung [34]. Die TU-München hat den negativen Einfluss von Anolyten auf Zitronenaromen in geringen Konzentrationen nachgewiesen [97]. Nicht zuletzt können die Anschaffungskosten für eine Anolytanlage hoch sein [37].

Die Vorteile von Anolyt liegen in der Sicherheit, weil selbst das Konzentrat nicht reizend wirkt auf Haut und Schleimhäute [92]. Transport und Lagerprobleme sind durch die Vor-Ort-Herstellung nicht existent [100] und die Umwelt wird geschont, da nur Wasser und Natriumchlorid für die Herstellung benötigt werden [34]. Durch die physikalische Abtötung der Zellen wird die Resistenzbildung von Mikroorganismen nicht gefördert [37,82]. Die Anlagen haben geringe Betriebskosten und eine lange Lebensdauer [53]. Die lange Laufzeit der Zellen wird durch den Einbau spezial beschichteter Elektroden und eine integrierte Membranreinigung gewährleistet [98]. Die Verwendung von Katholyt und Anolyt in Kombination führt zu keinen höheren Kosten, da immer beide Mittel in einer Anlage hergestellt werden [47]. Die Anwendung von Anolyt zur Fülleraußenschwallung erbringt gute mikrobiologische Ergebnisse, und man kann sogar auf Produktionsnebenzeiten verzichten [55]. Die Betriebshygiene im Abfüllbereich wird dadurch verbessert und der Einsatz von Konservierungsmitteln, beispielsweise für die Abfüllung von Schorlen, ist damit überflüssig [99]. Die CSB- und AOX-Werte des Abwassers werden verbessert [100].

3.3.4 Rechtliche Grundlage für die Verwendung von Anolyten

Nach Meyer [101] hängt die rechtliche Einordnung von Desinfektionslösungen in der Getränkeindustrie von deren Verwendungszweck ab. Wird eine Lösung zur mikrobiologischen Stabilisierung von Getränken verwendet, so fällt diese unter die Bezeichnung Lebensmittelzusatzstoff. Sie wird dem Lebensmittel aus technologischen Gründen beim Herstellen oder Behandeln zugesetzt. Abzugrenzen hiervon sind Verarbeitungshilfsstoffe, welche aus technologischen Gründen während der Be- oder Verarbeitung von Lebensmitteln verwendet werden. Sie hinterlassen dabei „unbeabsichtigte, technisch unvermeidbare Rückstände oder Abbau- oder Reaktionsprodukte von Rückständen in gesundheitlich unbedenklichen Anteilen, die sich technologisch nicht auf dieses Lebensmittel auswirken". Biozide sind dazu bestimmt, „auf chemischem oder biologischem Wege Schadorganismen zu zerstören, abzuschrecken, unschädlich zu machen, Schädigungen durch sie zu verhindern oder sie in anderer Weise zu bekämpfen". Die Europäische Kommission ist in einem rechtlich unverbindlichen Leitdokument der Auffassung, dass Lösungen, die sowohl zur Stabilisierung von Trinkwasser als auch der Desinfektion von Anlagen dienen, Biozid-Produkte sind. Selbst bei der Zugabe einer Lösung zu einem Getränk würde ein Biozid-Produkt vorliegen, sofern die Lösung auch in anderen Bereichen zur Desinfektion von Anlagen genutzt wird. Wird also bei der Deklaration der Lösung kein konkreter Anwendungsbereich gekennzeichnet und diese vorwiegend im Bereich der Desinfektion von Anlagen eingesetzt, so kann dieser überwiegende Verwendungszweck zur Einstufung als Biozid-Produkt führen.

Ein Gesetz über das Inverkehrbringen von Biozid-Produkten ist am 28. Juni 2002 in Kraft getreten. Das Biozidgesetz integriert die grundsätzlichen Vorschriften der EG-Biozid-Richtlinie wie Zulassungsbedürftigkeit, Zulassungsverfahren und Zulassungsvoraussetzungen in das Chemikaliengesetz. Laut dieser Richtlinie sind Biozide „...Stoffe oder Zubereitungen, denen bestimmungsgemäß die Eigenschaft innewohnt, Lebewesen abzutöten oder zumindest in ihrer Lebensfunktion einzuschränken. Sie werden u.a. als Holzschutzmittel, Desinfektionsmittel, Prozesskonservierungsmittel, Insektizide, Rodentizide u.a. eingesetzt." [102]. Hersteller von Desinfektionsmitteln müssen das entsprechende Genehmigungsverfahren durchführen.

Die Vor-Ort-Herstellung von Anolyten falle laut Aussagen eines Herstellers der Elektrolyseanlagen auch unter diese Richtlinie. Dies würde eine Zulassung des Biozids durch den Betreiber der Anlage mit sich führen, sofern diesem die Anlage gehört [97]. Laut Hohmann [103] gibt es über die Auslegung der Biozid-Richtlinie die Meinung, dass „solange es sich bei den Firmen, die den bioziden Wirkstoff herstellen, um Endverbraucher handelt, ... diese nicht von der Biozid-Richtlinie betroffen“ sind. „Sie bringen kein Biozid-Produkt in den Verkehr“. Unter in Verkehr bringen versteht man die Abgabe an Dritte oder die Bereitstellung für Dritte. Die Vermarktung des Vorprodukts für die vor Ort Herstellung von Biozid-Produkten fällt bereits unter den Anwendungsbereich der Biozid-Richtlinie, wenn diese für den Zweck der Herstellung von Biozid-Produkten vermarktet wird. Beim Verkäufer des allseits erhältlichen Produkts Kochsalz kann dies in der Regel nicht angenommen werden. Hingegen kann beim Verkäufer bzw. Vermieter einer Elektrolyseanlage die Vermarktung für einen Biozid-Zweck angenommen werden. In aller Regel liegt damit die Zulassungspflicht für die Vor-Ort-Herstellung von Biozid-Wirkstoffen beim „in Verkehr Bringer“ der Elektrolyseanlagen. Wenn er sich nicht darum kümmere, beginge er eine Ordnungswidrigkeit, die mit Geldbußen bis 50.000 Euro je Verstoß geahndet werden kann. Würde ausnahmsweise ein solches in Verkehr Bringen durch den Verkäufer/Vermieter der Anlage ausscheiden, so müssten die Verwender die Zulassung für die vor Ort hergestellten Biozid-Produkte beantragen. Des Weiteren gilt, wenn ein Wirkstoff ausschließlich als biozider Wirkstoff verwendet wird, ist er auch nicht unter REACH zu registrieren [100].

Die Anwendung einer speziellen Anolytlösung in Konzentrationen von bis zu 5% entspräche den Grenzwerten der deutschen Trinkwasserverordnung [97,55].

Das Verfahren der Elektrodiaphragmalyse ist in der Anlage zu § 11 der Trinkwasserverordnung der „Aufbereitungsstoffe, die zur Desinfektion eingesetzt werden“ gelistet [104].

4 Material und Methoden

4.1 Messung der Konzentration der Anolytlösung

Die Konzentration einer nicht umgesetzten Mischung aus Cl2, HClO und ClO^- wird freies Chlor genannt. Freies Chlor kann mit Ammonium und Aminosäuren zu Stickstoffaminen reagieren und liegt dann als gebundenes Chlor vor, welches wesentlich geringere bakterizide Eigenschaften aufweist. Es gibt drei gängige Methoden, um die Konzentration des verfügbaren Chlors zu messen:

- iodometrische Titration
- die o-tolidin Methode und
- die n,n-diethyl-p-phenylendiamin (DPD) Methode [105,106]

Die iodometrische Methode kann freies und gebundenes Chlor nicht unterscheiden. Die o-tolidin Methode leistet dies, jedoch nur mit großer Ungenauigkeit. Die DPD-Methode ist die selektivste Methode zur Unterscheidung von freiem und gebundenem Chlor [105] und wird nicht durch das Vorhandensein von Eisen(II)Ionen beeinflusst [87]. Das n,n-diethyl-p-phenylendiamin reagiert zu Wursters Rot 4-amino-n,n-dimethylanalin. Bei diesem Messverfahren werden zusätzlich alle oxidierend wirkenden Substanzen wie z.B. Ozon, Chlordioxid, Peroxid usw. mit erfasst [107]. Dies stellt für die Messung des Anolyts einen großen Vorteil dar, da laut verschiedener Herstellerangaben das Anolyt keine reine Hypochloritlösung ist, sondern auch aus einem Gemisch anderer oxidativ wirkender Substanzen besteht. Somit werden mit Hilfe dieser Messmethode alle wirksamen Substanzen in Summe erfasst.

Die Messungen erfolgten mit dem Handphotometer DR/890 der Firma Hach Lange. Der Messbereich liegt bei 0-10 mg/L und ist auf ±0,1 mg/L genau.

4.2 Verfahren zur Ermittlung der mittleren logarithmischen Keimreduktion im Labor

Es wurde ein Standardverfahren zur Ermittlung der mittleren logarithmischen Keimreduktion entwickelt. Hierbei sollten bewusst möglichst alle Parameter eliminiert werden, die einen physikalischen Einfluss auf die Keimreduktion haben, wie z.B. Ausspüleffekte. Es galt, allein die Wirkung des Desinfektionsmittels gegenüber den einzelnen Mikroorganismen zu untersuchen.

4.2.1 Vorgehensweise allgemein

Als Vorlage dienten 100 mL enthärtetes Wasser in entsprechenden Flaschen. Das Wasser wurde auf den entsprechenden pH-Wert eingestellt, für den sauren Bereich mit

Schwefelsäure, für den alkalischen Bereich mit Natronlauge. Ein Vortest ergab, dass die eingesetzten Mengen an Säure bzw. Lauge keinen Einfluss auf die Keimabtötung hatten. Nachdem der pH-Wert eingestellt war, erfolgte die Sterilisation der Flaschen für 30 Minuten bei 121 °C im Autoklaven. Zu beachten war, dass das Wasser nach dem Autoklavieren einen etwas höheren pH-Wert hatte als zuvor. Dies konnte mittels der Ausdampfkinetik erklärt werden und war bei der Voreinstellung zu berücksichtigen.

Anschließend wurde nach dem in Abbildung 4-1 dargestelltem Schema vorgegangen:

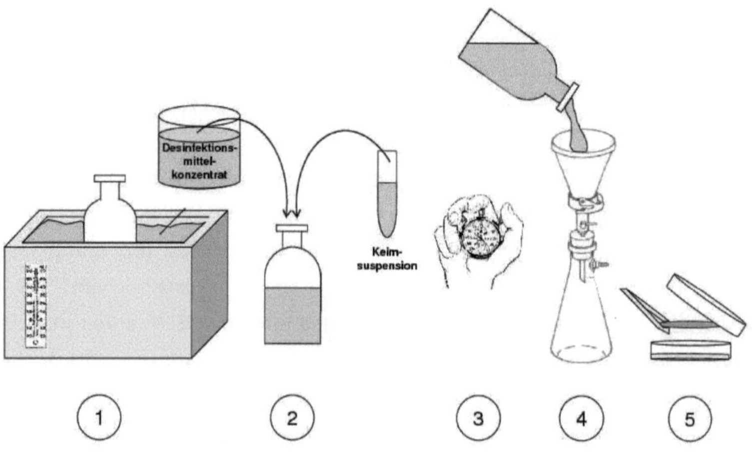

Abbildung 4-1 Schema Durchführung Entkeimungstests

- Das sterile Wasser mit dem eingestellten pH-Wert im Wasserbad temperieren.
- Nach Erreichen der Kerntemperatur Zugabe von 1 mL Keimsuspension mit entsprechendem Keimgehalt. Die Flasche schütteln, um die Keime zu suspendieren. Anschließend Zugabe einer entsprechenden Menge Desinfektionsmittelkonzentrat, um die gewünschte Konzentration bezogen auf das Wasservolumen zu erhalten. Die Flasche erneut schütteln, um das Desinfektionsmittel homogen zu verteilen.
- Stoppen der Einwirkzeit. Während dieser Zeit die Flasche wieder zurück ins Wasserbad stellen, damit die Temperatur konstant bleibt.

- Nach Ablauf der Einwirkzeit den Inhalt der Flasche membranfiltrieren. Mit einer ausreichenden Menge Sterilwasser nachspülen, um eine Nachwirkung des Desinfektionsmittels zu verhindern[1].
- Überführen des Membranfilters auf Agar und Inkubation im Brutschrank. Der Agar und die Inkubationsparameter sind entsprechend dem Testkeim auszuwählen.

4.2.2 Vorbereitung der Suspension

Die verwendeten Sporen von Bacillus subtilis befanden sich in ethanolischer Lösung bzw. in Ringerlösung. Die Suspension wurde vor der Anwendung nur auf die gewünschte Konzentration eingestellt und war direkt zu verwenden.
Die vegetativen Keime mussten vor der Verwendung angezüchtet werden. Der Anlieferungszustand war bei den Hefen eine Schrägagarkultur, die Bakterienstämme waren in einer Bouillon suspensiert. Kühl gelagert besaßen die Mikroorganismen eine begrenzte Haltbarkeit. Von dem Schrägagar wurde mit Hilfe einer sterilen Impföse unter einer Laminar Flow Box ein kleiner Abstrich entnommen und 500 mL Nährbouillon zugegeben. Aus der Suspension der Bakterienstämme wurden 100 µL entnommen und in 250 mL Nährbouillon überführt. Die Bebrütung erfolgte anschließend für eine festgelegte Zeit im Brutschrank. Die genaue Einhaltung dieser Zeit war wichtig, da sich die Keime für jeden Versuch im gleichen Entwicklungsstadium befinden mussten.
Vor Verwendung der Hefe- bzw. Bakteriensuspensionen für Entkeimungsversuche mussten diese mit Ringerlösung gewaschen werden, damit die Nährstoffe der Bouillon nicht schon einen Teil des Desinfektionsmittels zehrten. Hierzu wurden 4 x 20 mL der im Ultraschall homogenisierten Suspension in Zentrifugengläser gefüllt und bei maximaler Drehzahl 10 Minuten zentrifugiert (eine genaue Angabe der Drehzahl ist hier nicht möglich, da für die Zentrifuge kein Datenblatt existiert). Anschließend wurde der Überstand abgezogen, die Gläser mit 15 mL Ringerlösung befüllt, die Suspension im Ultraschallbad für 2 Minuten homogenisiert und erneut zentrifugiert. Dieser Vorgang wurde ein zweites Mal wiederholt. Nach erneutem Abziehen der Flüssigkeit wurden die Gläser

[1] Auf eine Verwendung von Natriumthiosulfat zur Dechlorierung wurde verzichtet.
Diese ist in drei Punkten mangelhaft:
- die Reaktion mit Restchlor verläuft stufenweise mit einer nicht akzeptablen Zeitverzögerung
- die Reaktion ist nur bei pH 2 stöchiometrisch
- der Abbau von Chlor variiert signifikant mit dem pH-Wert [3, S.1064]

Es wurde auf eine ausreichende Verdünnung mit Sterilwasser geachtet, Restmengen an freiem Chlor konnten nicht mehr gemessen werden.

wieder mit 15 mL Ringerlösung befüllt, die Suspension homogenisiert und in einen Messkolben überführt, der mit Ringerlösung auf 100 mL aufgefüllt wurde.

Tabelle 4-1 zeigt eine Übersicht der verwendeten Materialien für die mikrobiologischen Untersuchungen, Tabelle 4-2 sind die Verfahrenskenndaten für die Anzucht der Mikroorganismen zu entnehmen.

Tabelle 4-1 Verwendete Geräte für die mikrobiologischen Untersuchungen

Geräte	Beschreibung
Autoklav	FA. Thermo Elektron GmbH H+P Varioklav 75 S und 135 S Dampfsterilisator
Brutschrank	FA. Kendro GmbH, Heraeus Function Line, Typ: T6; Best.-Nr. 50042293
Laminar Flow Box	Fa. Kendro GmbH, Hera Safe, Type: KS12, Best.nr. 51022776
Reagenzglasschüttler	VWR International, Art.no. 444-1372
Ultraschallbad	Fa. Bandelin elektronic, Bandelin Sonorex, Typ: RK 255 H
Vakuumfiltrationsgerät (Edelstahl)	Fa. Sartorius, mit Stativ, Fritten und Trichter, (500 mL)
Wasserbad	Thermo Haake DC 10

Tabelle 4-2 Verfahrenskenndaten für die Anzucht der Mikroorganismen

Testkeim	Hersteller	Nähr-bouillon	Agar	Bebrütung		
				Art	Tempe-ratur	Dauer
Bacillus subtilis	Fa. Biotecon, Fa. Merck	-	Plate Count Agar Fa. Merck, Granulat	aerob	30°C	3 Tage
Saccharomyces cerevisiae *Candida tropicalis* *Saccharomyces diastaticus*	VLB Berlin	Würze-bouillon (Fa. Merck, Granulat)	Würzeagar (Fa. Merck, Granulat)	aerob	28°C	3 Tage
Lactobacillus brevis *Pediococcus damnosus*		NBB-B® (Fa. Döhler)	NBB-A® (Fa. Döhler)	an-aerob	30°C 25°C	5 Tage

Im Anschluss an die Anzucht und eine zweimalige Waschung erfolgte eine durchflusszytometrische Bestimmung der Lebend-/Tot-Keimzahl, durchgeführt von dem Fachbereich Life Science Technologies der Hochschule Ostwestfalen-Lippe. Die Verfahrenskenndaten sind in Tabelle 4-3 angegeben.

Tabelle 4-3 Verfahrenskenndaten für die durchflusszytometrischen Bestimmungen

Gerät	BD FACS Calibur, Firma DB Biosciences
Lebend-/Tot-Färbung	Thiaolorange (5 µL/Probe), Firma DB Biosciences Propidium-Iodid (5 µL/Probe), Firma DB Biosciences
Probevolumen	200 µL
Interne Kontrolle	50 µL Beads, Firma DB Biosciences
Messung der Fluoreszenz	300 nm und 610 nm

Die Farbstoffe und Beads wurden auf Raumtemperatur temperiert. Die inokulierte Probe wurde soweit mit Ringerlösung verdünnt, dass in der zu messenden Probe eine Keimzahl von 10^4 bis 10^6 KbE/g vorliegt. 50 µL der Mikroorganismenkultur wurden zu 200µL Vitality Staining Buffer (VSB, Färbepuffer) gegeben und für 5 Minuten inkubiert. Die Mikroorganismen wurden mit 5 µL Thiazole Orange und 5 µL Propidium Iodid für 5 Minuten angefärbt. Anschließend wurden 5 µL Beads dazugegeben und die lebend/tot-Keimzahl durchflusszytometrisch bestimmt.

4.2.3 Berechnung der mittleren logarithmischen Keimreduktion

Die Berechnung der mittleren logarithmischen Keimreduktion (MLK) erfolgte in Anlehnung an das Merkblatt Nr. 6, 2002, des Fachverbandes Nahrungsmittelmaschinen und Verpackungsmaschinen des VDMA zur „Prüfung von Aseptikanlagen mit Packmittelentkeimungsvorrichtungen auf deren Wirkungsgrad“. Hierzu wurde folgende vereinfachte Formel verwendet:

MLK = log (mittlere Ausgangskeimzahl) – log (mittlere Endkeimzahl)

Zur Bestimmung der Ausgangskeimzahl musste eine Verdünnungsreihe aus der verwendeten Suspension erstellt werden. Werte zwischen 10 und 100 Kolonie bildenden Einheiten (KbE) auf dem Membranfilter waren gut auszählbar und wurden für die Auswertung herangezogen. Bei der Endkeimzahl waren Werte >0 erwünscht, da ansonsten das Maximum der Keimreduktion nicht zu ermitteln war. Fand kein Wachstum statt, konnte lediglich der logarithmische Wert der mittleren Ausgangskeimzahl ermittelt werden, aber eine Aussage, wie viele Keime noch hätten abgetötet werden können, war nicht möglich.

4.3 Keimreduktionstests an der Praxisanlage

4.3.1 Verkeimung der Packmittel

Als Testkeim wurde *Bacillus subtilis*, Fa. Biotecon gewählt. *Bacillus subtilis* hat den Vorteil, dass er kein Getränkeschädling ist und deshalb für Entkeimungsversuche an einer Praxisanlage bedenkenlos eingesetzt werden kann.

Flaschen

Es wurden frisch geblasene Flaschen verwendet. Die Verkeimung erfolgte mittels Airbrush-Pistole, um eine homogene Verteilung der Keime auf der Flascheninnenwand zu erzielen. Es wurden 0,5 mL Keimsuspension mit einer Konzentration von ~10^4 KbE/mL in jede Flasche bei einem Druck von ca. 2 bar appliziert. Für die anschließende Trocknung mussten die Flaschen ca. 24 Stunden unter dem Abzug stehen.

Verschlüsse

Es wurden Verschlüsse aus einer neu angelieferten Charge verwendet. Die Verkeimung fand als Punktverkeimung statt. Ein Milliliter der Suspension mit einer Konzentration von ~10^4 KbE/mL wurde in vier Punkten auf den Produkt berührenden Innenteil der Kappe verteilt. Anschließend erfolgte die Trocknung für 24 Stunden unter dem Abzug.

Alustreifen

Aus einer Rolle Aluminiumblech wurden Streifen geschnitten und mit Alkohol desinfiziert. Anschließend erfolgte die Aufbringung eines Milliliters Keimsuspension mit einer Konzentration von ~10^4 KbE/mL an einem Ende der Streifen. Auf das andere Ende wurde auf der Rückseite doppelseitiges Klebeband aufgebracht, womit die Streifen später in der Anlage appliziert werden konnten. Die Trocknung erfolgte für 24 Stunden unter dem Abzug.

4.3.2 Durchführung Keimreduktionstests

Die Ermittlung der Ausgangskeimzahl erfolgte anhand von je 5 unbehandelten Einheiten. Für die Flaschen und Verschlüsse wurden je 60 Packungseinheiten getestet. Die Alustreifen wurden an 20 verschiedenen Stellen appliziert.

Flaschen

Die Flaschen wurden am Ende des Lufttransports eingehängt. Von dort liefen sie mit Nominalgeschwindigkeit der Anlage durch den Rinser, der Rinsprozess dauerte 2-mal eine Sekunde, mit 1 Sekunde Zwischenpause zum Auslaufen der Desinfektionslösung. Die Flaschen wurden am Auslauf entnommen und mit sterilen Deckeln verschlossen. Im Labor erfolgte die Befüllung mit steriler Ringerlösung + Tween 80. Das Tween wurde zur besseren Benetzung der hydrophoben PET-Oberfläche zugesetzt. Nach kräftigem Schütteln der Flaschen für 2 Minuten und nach Absetzen des Schaums wurde die Lösung membranfiltriert.

Verschlüsse

Die Verschlüsse wurden an der Anlage innen mittels einer vor der Kappenfallrinne angebrachten Düse besprüht. Die Dauer der Beaufschlagung mit Desinfektionsmittel hing von der Durchlaufgeschwindigkeit der Verschlüsse ab. Sie wurden am Ende der Kappenfallrinne entnommen, auf zuvor desinfizierte und mit 100 mL Ringerlösung und Tween 80 befüllte Flaschen gedreht und nach 1 Stunde abgespült. Die Zeit wurde so festgelegt, da während des Transports der Flaschen das Getränk kaum in Kontakt mit dem Anolyt benetzten Verschluss bekommen sollte und somit grundsätzlich eine lange Einwirkzeit gegeben ist.

Alustreifen

Die verkeimten Teststreifen wurden für einen Zeitraum von 10 Minuten an verschiedenen Stellen der Anlagen der permanenten Desinfektionsmittelbesprühung ausgesetzt und anschließend auf den Restkeimgehalt geprüft. Sie wurden mit Hilfe des doppelseitigen Klebebands auf verschiedene Stellen in der Anlage geklebt. Die Entnahme erfolgte mittels einer Pinzette, das verkeimte Ende der Streifen wurde mit einer abgeflammten Schere abgeschnitten und in ein Röhrchen mit Ringerlösung + Tween 80 gegeben.

4.4 ATP-Test

Um Oberflächen in einer Anlage möglichst schnell auf ein Reinigungsergebnis zu überprüfen, sind ATP-Tests einsetzbar.

Mit einem Tupfer (Clean-Trace®, Biotrace, Pruduct Code: UXL 100), der mit einem kationischen Mittel zur Förderung der ATP-Freisetzung aus intakten Zellen und zur Unterstützung der Schmutzaufnahme von der Oberfläche vorbefeuchtet ist, wird die vorgesehene Oberfläche mittels Abstrich getestet. Nach Überführung in eine Lösung wird ein Enzymreagenz freigesetzt, reagiert mit dem ATP auf dem Tupfer und produziert Leuchtstärke [108]. Diese Leuchtstärke ist mit dem Biotrace Luminometer aufnehmbar. Die Lichtintensität ist proportional zu der ATP-Menge und somit auch zum Grad der Verschmutzung. Die im Luminometer gemessenen Werte werden in RLU (Relative Light Units) angezeigt.

Diese Methode beruht auf der Luciferin-Luciferase Reaktion. In dieser Reaktion wird ATP, das in lebenden Zellen in nahezu konstanter Menge vorhanden ist, in AMP und Licht umgewandelt. Die Probennahme erfasst jedoch nicht nur intrazelluläres ATP der Organismen, sondern auch das in Resten organischen Materials vorhandenen ATP [109].

$$ATP + Luciferin + O_2 \xrightarrow{Luciferase + Mg^{2+}} AMP + PPi + CO_2 + Oxiluciferin + Licht$$

Bei den Probenahmen darf das Teststäbchen nur mit den zu testenden Flächen in Berührung kommen. Es ist hierbei besonders darauf zuachten, einen Hautkontakt zu vermeiden, da sich auf der Haut ebenfalls ATP befindet.

4.5 Messung der Ascorbinsäure

Zur Überprüfung des Zehrungsverhaltens von Anolyt auf Ascorbinsäure wurde eine definierte Lösung hergestellt. Zu 250 mL Wasser wurden 0,107g L(+)-Ascorbinsäure gepulvert, reinst zugegeben. Die angesetzte Lösung enthielt einen Ascorbinsäureanteil von 365,5 mg/L. Die Messung der Ascorbinsäure erfolgte mittels eines Farb-Tests. Hierbei wird [3-(4,5-Dimethylthiazolyl-2)-2,5-diphenyltetrazoliumbromid] (MTT) in Gegenwart des Elektronenüberträgers (5-Methylphenaziniummethosulfat) (PMS) zu einem Formazan reduziert. Zur spezifischen Bestimmung von L-Ascorbinsäure wird in einem Probeleerwert-Ansatz von diesen reduzierenden Substanzen nur der L-Ascorbat-Anteil der Probe durch Ascorbat-Oxidase in Gegenwart von Luftsauerstoff oxidativ entfernt. Das entstehende Dehydroascorbat reagiert nicht mit MTT/PMS [110].
Der Ascorbinsäurelösung wurde alle vier Minuten Anolytkonzentrat mit einer Konzentration von 200 mg/L freies Chlor zugegeben, zuerst 500 µL, nach 48 Minuten 1 mL. Die Konzentration wurde nach jeder Zugabe spektralphoto-metrisch gemessen.

4.6 Durchführung der Verkostungen

Die sensorischen Prüfungen werden nach Anleitung von MEBAK, Brautechnische Analysenmethoden Teil II, in Anlehnung an die DIN 10954, durchgeführt [111]. Allgemein werden bei solchen Untersuchungen die inneren und äußeren Merkmale mit Hilfe der menschlichen Sinnesorgane hinsichtlich ausgewählter Eigenschaften wie z.B. Süße, Ausprägung und Güte beurteilt. Die Prüfpersonen sollten so geschult sein, dass sie eine Probe reproduzierbar sensorisch unterscheiden, beschreiben und bewerten können.

Für die Ermittlung der Geschmacksschwellenwerte wird die Methode der Dreiecksprüfung gewählt. Dieses Verfahren ist anwendbar zur Feststellung geringer Unterschiede zwischen zwei Prüfproben, z.B. nach Art und Ausprägung einzelner Merkmalskomponenten oder des Gesamteindrucks. Es sollten mindestens fünf Prüfpersonen eingesetzt werden. Die Prüfgefäße müssen einheitlich sein und dürfen das Prüfgut nicht beeinflussen. Die Proben werden mit Zufallszahlen verschlüsselt. Auf eine gleiche Temperatur beim Darreichen der Proben ist zu achten. Es erfolgt eine Unterrichtung der Prüfpersonen über den Prüfzweck, eventuell wird eine typische Probe dargereicht und erläutert. Beim Darreichen der Proben sind die Proben A und B nach einem Zufallsprinzip verschieden anzuordnen (2·A+1·B oder 2·B+1·A). Die Stellmöglichkeiten sind: AAB, ABA, BAA, ABB, BAB oder BBA. Die Prüfer müssen herausfinden, welches die abweichende Probe ist. Nach der ISO-Norm 4120 von 1983 ist die Antwort "kein Unterschied feststellbar" nicht zulässig. Diese "forced choice" Technik wird in der Norm als Voraussetzung für die korrekte statistische Auswertung angesehen.

Bei der Auswertung werden die richtigen und die falschen Antworten ermittelt. Ein Unterschied zwischen den Prüfproben ist signifikant, wenn die Anzahl der richtigen Antworten unter Beachtung der Gesamtzahl der Antworten bei einem festgelegten Signifikanzniveau α mindestens den Wert in folgender Tabelle erreicht [111]:

Tabelle 4-4 Auswertung Verkostung [111, S. 107]

Anzahl der Antworten	Mindestanzahl richtiger Antworten bei einem Signifikanzniveau von $\alpha = 0{,}05$	$\alpha = 0{,}01$	$\alpha = 0{,}001$
5	4	5	-
6	5	6	-
7	5	6	7
8	6	7	8
9	6	7	8
10	7	8	9
11	7	8	9
12	8	9	10
13	8	9	11
14	9	10	11
15	9	10	12
16	9	11	12

4.7 Überprüfung physikalischer und chemischer Einflüsse auf die Stabilität der Anolytlösung

Anolyte werden in der Getränkeindustrie häufig zur permanenten Desinfektion sensibler Bereiche in der Abfüllung verwendet. Dazu zählen insbesondere die Anlagenoberflächen von Füller- bis Verschließerauslauf, da dort die Flasche bereits befüllt aber noch nicht verschlossen ist. Die Rekontaminationsgefahr für das Getränk ist hier besonders hoch.

Die Aufbringung der Desinfektionslösung erfolgt mittels Düsen, um eine möglichst gute Benetzung der kritischen Anlagenteile zu gewährleisten. Das aufgebrachte Mittel soll Produktreste entfernen und gleichzeitig desinfizierend wirken. Einflüsse auf die Anolytlösung bestehen somit zum einen über die Scherwirkung des Pumpen und Düsensystems, zum anderen über die Reaktion mit organischen Substanzen. Dies wird an einem Düsenteststand simuliert und die Parameter freies Chlor, Chlorat, Chlorit, Bromid und Perchlorat an verschiedenen Probenahmestellen aufgenommen. Die Werte des Wassers für das Ansetzen der Desinfektionslösungen werden jeweils abgezogen.

Mit Apfelsaft und Bier werden standardverschmutzte Edelstahlplättchen hergestellt. Die Plättchen werden zunächst mit Aceton gereinigt, anschließend mit 100 Tröpfchen à 1µL mittels einer Eppendorf Multipette® mit Produkt kontaminiert und unter einer Laminar Flow Box getrocknet. Mit doppelseitigem Klebeband werden sie am Düsenteststand befestigt. Ein Nullabgleich erfolgt mit unkontaminierten Plättchen.

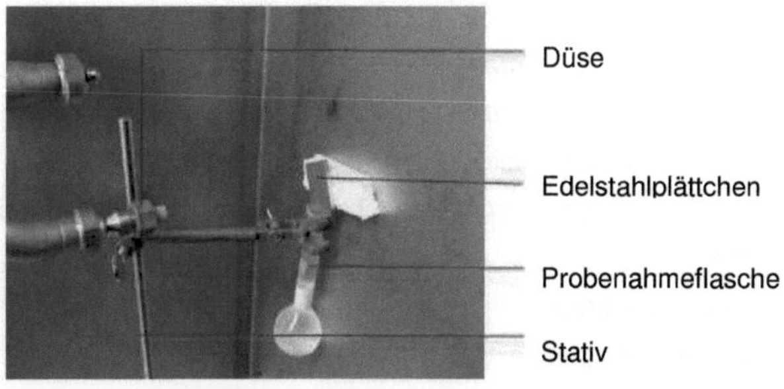

Abbildung 4-2 Aufbau Düsenteststand

Die Reinigung erfolgt mittels zweier unterschiedlicher Düsen, dargestellt in Abbildung 4-3.

Abbildung 4-3 links: Löhrke Flachstrahldüse, rechts: Lechler Hohlkegeldüse

Die Anolytlösung wird nach Kontakt mit dem Metallplättchen mit der Probenahmeflasche aufgefangen. Die Probeentnahme erfolgt, bis der 50 mL Messkolben vollständig befüllt ist. Eine weitere Probenahme findet direkt am Düsenaustritt und aus dem Vorlagebehälter statt, aus dem die Medien mittels einer Kreiselpumpe zum Düsenstock gefördert werden.

4.8 Bestimmung anorganischer Desinfektionsmittelnebenprodukte mittels Ionenchromatographie und Leitfähigkeitsmessung

Der Begriff „Chromatographie" ist die allgemeine Bezeichnung für eine Vielzahl von physikalisch-chemischen Trennverfahren, die auf der Verteilung eines Stoffes zwischen einer mobilen und einer stationären Phase beruhen. Je nach Aggregatzustand dieser beiden Phasen wird eine Einteilung in unterschiedliche Chromatographie Arten vorgenommen.

4.8.1 Ionenchromatographie

Die Ionenchromatographie ist ein Teilgebiet der Flüssigkeitschromatographie. Mit ihr ist es möglich, organische und anorganische Anionen und Kationen im Spurenbereich nachzuweisen. Die Entwicklung der Suppressortechnologie verhalf zu noch empfindlicherer Detektion. Der Suppressor ermöglicht auf chemischem Wege, die Grundleitfähigkeit des Elutionsmittels zu verringern und die zu analysierenden Ionen in eine stärker leitende Form zu überführen [112]. Die Empfindlichkeit der Detektion (Signal/Rauschverhältnis) wird dadurch erheblich gesteigert, und Temperaturschwankungen beeinflussen die Leitfähigkeitsmessung umso weniger, je kleiner die Eigenleitfähigkeit des Elutionsmittels ist [113].

Es gibt drei Arten der Ionenchromatographie, die auf unterschiedlichen Trennmechanismen basieren:

- Ionenaustausch-Chromatographie
- Ionenausschluss-Chromatographie
- Ionenpaar-Chromatographie

Im Zuge dieser Arbeit wird das Verfahren der Ionenaustausch-Chromatographie verwendet, so dass hier auch nur auf diese näher eingegangen wird.

4.8.2 Ionenaustauschchromatographie (HPIC = High Performance Ion Chromatography)

Das für die Ionenaustauschchromatographie verwendete Harz trägt als funktionelle Gruppe üblicherweise eine quartäre Ammoniumbase als Austauschfunktion. Wird die Anionenaustauschsäule von OH^- Ionen durchströmt, so befindet sich die quartäre Ammoniumfunktion ausschließlich in der Hydroxid-Form. Injiziert man auf diese Säule Anionen, so werden diese in einem reversiblen Gleichgewichtsprozess gegen Hydroxid ausgetauscht.

$$\text{Harz} - NR_3^+OH^- + A^- \Leftrightarrow \text{Harz} - NR_3^+A^- + OH^-$$

Die Trennung der Anionen wird dabei durch deren unterschiedliche Affinität zur stationären Phase bestimmt. Die den Gleichgewichtsprozess charakterisierende Konstante wird Selektivitäts-Koeffizient, K, bezeichnet.

$$K = \frac{[X^-]_s \cdot [OH^-]_m}{[OH^-]_s \cdot [X^-]_m}$$

$[X^-]_{m,s}$ Konzentration des Probe-Ions in der mobilen bzw. stationären Phase
$[OH^-]_{m,s}$ Hydroxid-Konzentration in der mobilen bzw. stationären Phase

Bei der Auswahl der Elutionsmittel sollten die Selektivitäts-Koeffizienten von Eluent- und Probe-Ion in etwa gleich sein.

Für das ausgetauschte X^- - Ion definiert man einen Verteilungskoeffizienten D:

$$D = \frac{[X^-]_s}{[X^-]_m}$$

D ist ein Maß für die Affinität eines Solut-Ions zur stationären Phase eines Ionenaustauschers.

4.8.3 Qualitätsfaktoren chromatographischer Trennungen

Ein Chromatogramm besteht aus aufeinander folgenden Peaks. Die Form eines Peaks lässt sich in erster Näherung durch eine Gauß-Kurve beschreiben.
Wenn verschiedene Substanzen unterschiedliche Verweilzeit an der stationären Phase einer Ionenaustauschersäule haben, können sie voneinander getrennt werden. Die Nettoretentionszeit, t_s, ist die Zeit, in der sie nicht wandern. Die Zeit, die eine Verbindung zum Durchlaufen der Säule benötigt ohne mit der stationären Phase in Wechselwirkung zu treten, wird als Totzeit, t_m, definiert, siehe Abbildung 4-4.

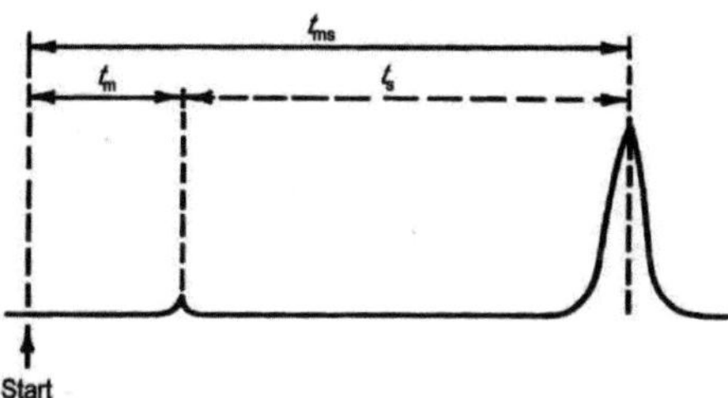

Abbildung 4-4 Allgemeine Darstellung eines Chromatogramms [112, S. 13]

Die Gesamtzeit einer Substanz in der Säule, die Bruttoretentionszeit, t_{ms}, berechnet sich aus der Totzeit und der Nettoretentionszeit:

$$t_{ms} = t_m + t_s$$

In der Praxis jedoch zeigen die Peaks meist eine Asymmetrie, die definiert ist als:

$$A_s = \frac{b}{a}$$

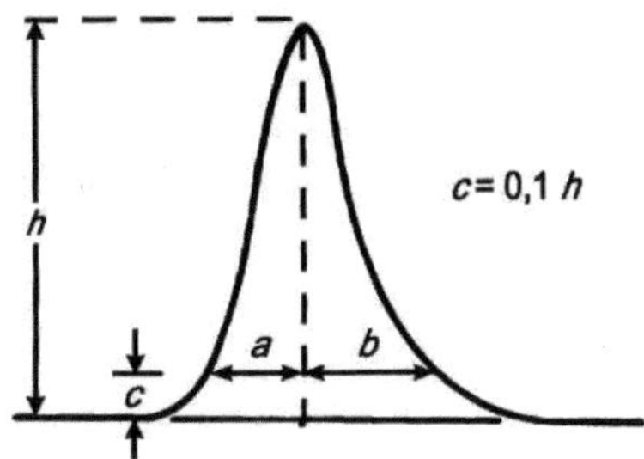

Abbildung 4-5 Definition des Asymmetrie-Faktors [112, S.15]

Sind die A_s-Werte größer als 1, so bezeichnet man die Asymmetrie als „tailing". Sind die A_s-Werte kleiner als 1, so bezeichnet man sie als „fronting". In der Praxis wird eine Trennsäule als gut bezeichnet, wenn die Asymmetrie-Faktoren zwischen 0,9 und 1,2 liegen.

Die Auflösung, R, zwischen zwei benachbarten Peaks ist als Quotient aus dem Abstand der beiden Peakmaxima (ausgedrückt als Differenz der beiden Bruttoretentionszeiten) und dem arithmetischen Mittel aus den beiden zugehörigen Basisbreiten, w, definiert.

$$R = \frac{2(t_{ms1} - t_{ms2})}{w_1 + w_2}$$

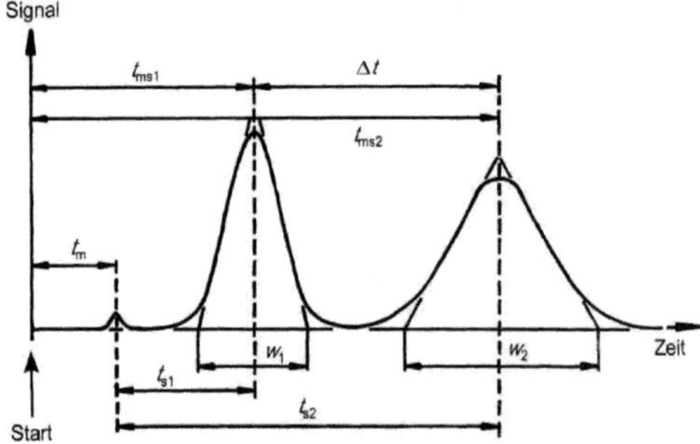

Abbildung 4-6 Parameter zur Bestimmung der Auflösung und der Selektivität [112, S.16]

Bei einer Auflösung von R=0,5 kann ein Signal noch als aus zwei Komponenten bestehend erkannt werden. Eine Auflösung von R=1,25-1,5 genügt für eine quantitative Analyse. Große R-Werte führen dagegen zu langen Analysezeiten [114].

Die Selektivität, α, ist definiert als das Verhältnis der Nettoretentionszeiten zweier Signale:

$$\alpha = \frac{t_{s2}}{t_{s1}} = \frac{t_{ms2} - t_m}{t_{ms1} - t_m}$$

Ist α=1, so bestehen keine thermodynamischen Unterschiede zwischen den Komponenten, so dass diese nicht getrennt werden können. Die Selektivität wird im Gleichgewichtszustand und bei konstanter Temperatur nur von den stoffspezifischen Eigenschaften der zu trennenden Probenkomponenten und den Eigenschaften der stationären und mobilen Phase beeinflusst.

Der Kapazitätsfaktor k ist das Verhältnis der Nettoretentionszeit zum Totvolumen:

$$k = \frac{t_S}{t_m}$$

Der Kapazitätsfaktor ist unabhängig von apparativen Größen. Kleine Werte für k bedeuten, dass die Verbindung in der Nähe des Totvolumens eluiert, so dass die Trennung sehr schlecht ist. Sind die Werte für k sehr groß, ist die Trennung zwar gut, aber die Nachweisempfindlichkeit lässt aufgrund langer Analysenzeiten und Bandenverbreiterung nach.

4.8.4 Das IC-System

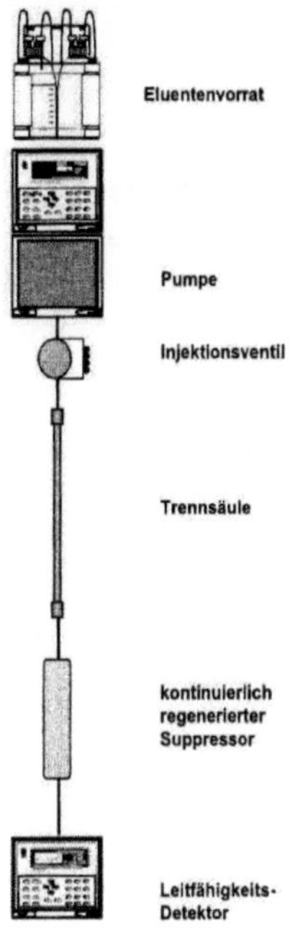

Die mobile Phase, der Eluent, wird mittels Pumpen durch das gesamte chromatographische System gefördert. Das Aufbringen der Probe erfolgt über den Schleifen-Injektor, welcher über ein Dreiwegeventil gesteuert wird. Das Füllen der Schleife erfolgt unter atmosphärischem Druck, nach Umschalten des Ventils wird die Probe in der Schleife durch die mobile Phase zum Trennsystem transportiert. Der am häufigsten in der Ionenchromatographie verwendete Detektor ist der Leitfähigkeits-Detektor. Aufgabe des vorgeschalteten Suppressorsystems als Teil der Detektionseinheit ist es, die hohe Leitfähigkeit des als Eluens fungierenden Elektrolyten chemisch zu verringern und die zu analysierende Probe in eine stärker leitende Form zu überführen [112, S.5 ff.].

Abbildung 4-7 Schematischer Aufbau eines Ionenchromatographen [115, S. 6]

Tabelle 4-5 Speziell verwendete Geräte und Zubehör für die Ionenchromatographie

Ionenchromatograph	DIONEX GmbH ICS-2000 mit EG 40 Eluenten-Generator
Eluent	KOH, Firma Dionex
Trennsäule	AS 23, Firma Dionex
Suppressor	ASRS®, Firma Dionex
Detektor	Digitaler Leitfähigkeitsdetektor, Firma Dionex
Reinstwasseranlage	Direct Q®3 UV mit Pumpe Fa. Millipore, Frankreich Serien-Nr. F8JN85989E

4.9 Statistische Methoden zur Beurteilung analytischer Ergebnisse

Bei Analyseverfahren können zwei voneinander getrennt zu betrachtende Fehlerarten auftreten.

Systematische Fehler

Systematische Fehler führen zu einseitigen Abweichungen vom wahren Wert. Diese Abweichungen können nach oben oder unten erfolgen und werden jedes Mal auf die gleiche Art an der gleichen Stelle der Analyse gemacht [116].

Zufallsfehler

Zufällige Fehler kann man kaum beeinflussen. Sie wirken sich zahlenmäßig auf das Endergebnis kaum aus und müssen deshalb nicht berücksichtigt werden [116].

4.9.1 Statistische Prüfmethoden

Bei der Wiederholung von Versuchen erhält man trotz aller Sorgfalt meist nicht immer genau den gleichen Zahlenwert als Ergebnis: Unterschiede z.B. im Ausgangsmaterial oder den Umgebungsbedingungen führen zu einer Streuung der Messwerte. Um Unterschiede, Ausreißer bzw. gleiche Messwerte mit einer bestimmten Wahrscheinlichkeit als solche zu erkennen, finden statistische Prüfmethoden Verwendung.

STUDENT-Faktor t

Der t-Faktor ist eine statistische Kenngröße, welche von der statistischen Sicherheit P und dem Freiheitsgrad $f = n-1$ abhängig ist. Eine statistische Sicherheit von 95% bedeutet, dass alle Aussagen in 95 von 100 Fällen richtig sind bzw. mit 5% Wahrscheinlichkeit die Aussage falsch ist. Der Student-Faktor wird aus der t-Tabelle [117] abgelesen.

Streubereich T

$T = s \cdot t$

T ist der Streubereich aller Einzelmessungen. Er drückt aus, dass P% (95%) aller Einzelmessungen, deren Mittelwert $\overline{x}$ beträgt, im Bereich von $\overline{x}+T$ und $\overline{x}-T$ zu erwarten sind.

Grubbs-Test

Es wird getestet, ob der kleinste oder der größte Wert einer sortierten Datenreihe ein Ausreißer ist. Die Hypothese, es ist kein Ausreißer, wird verworfen, wenn gilt:

$$T_{pr} = \frac{x_1 - \overline{x}}{s} \text{ oder } \frac{x_n - \overline{x}}{s} > T_{n,1-\alpha}$$

Diese Prüfgröße wird gegen einen kritischen Wert verglichen, der in einschlägigen statistischen Tabellen zu finden ist, oder über die Visual-Xsel Funktion:
KritischerWert_KS(n, alpha, T_{kr}) bestimmt werden kann.
Ist $T_{pr} > T_{kr}$ wird die Nullhypothese auf dem Signifikanzniveau α abgelehnt [119, S.130].

4.9.2 Qualitätsregelkarte nach Shewhart

Für die Validierung analytischer Methoden sind zwei Größen wichtig, welche die Gültigkeit der analytischen Ergebnisse beeinflussen können.

Empfindlichkeit

Unter Empfindlichkeit versteht man im Allgemeinen die Ableitung der charakteristischen Funktion des Verfahrens. Sie ist somit definiert als die Steigung der Kalibrierfunktion.

Bestimmungsgrenze

Die Schwankungen der Messwerte bei Konzentrationen in der Nähe der Nachweisgrenze sind sehr groß. Deshalb wird eine Bestimmungsgrenze definiert. Der Abstand zum mittleren Blindwert muss doppelt so hoch sein, wie der der Nachweisgrenze.

Mit Hilfe von so genannten Qualitätsregelkarten können die wichtigsten Kontrollgrößen überprüft, überwacht und dargestellt werden. Dabei wird unterschieden zwischen Warn-, Kontroll- und Eingriffsgrenzen. Bei einmaliger Überschreitung des Warnbereichs sind mögliche Veränderungen im Prozess zu suchen und gegebenenfalls geeignete Abstellmaßnahmen zu ergreifen, während bei Überschreitung der Kontroll- und Eingriffsgrenzen der Prozess außer Kontrolle geraten ist. In einer Vorperiode werden zu jeder Analysenprobe Kontrollproben mitanalysiert, wobei für jede Probe eine Präzisions- und Richtigkeitsprüfung der Analyse durchgeführt wird. Bei akzeptabler Analysenqualität erfolgt die Festlegung der Warn- und Eingriffsgrenzen und die Konstruktion der Qualitätsregelkarte. In der anschließenden Kontrollperiode werden weiterhin Kontrollproben mitgeführt und die Kenndaten in die Qualitätsregelkarte eingetragen. Hierbei werden auf der Ordinate die Kontrollwerte eingetragen, die Abszisse entspricht der fortlaufenden Seriennummer oder den Arbeitstagen. Somit dient die Qualitätsregelkarte dem schellen Erkennen von aufgetretenen Fehlern, da der Verlauf direkt ablesbar ist [118]. Abbildung 4-8 zeigt den beispielhaften Aufbau einer Qualitätsregelkarte.

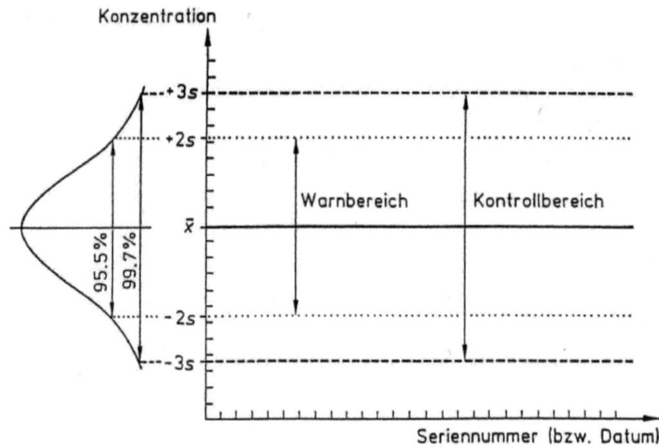

Abbildung 4-8 Beispiel des Aufbaus einer Shewart-Regelkarte [118]

Voraussetzung hierfür ist die Normalverteilung der Messergebnisse. Bei den ionenchromtographischen Werten wird eine Mittelwert-Regelkarte zur Überprüfung der Präzision des Analyseverfahrens verwendet. Die Kontrollprobe ist eine Standardlösung, die täglich mit untersucht wird [118].

4.9.3 Statistische Versuchsplanung mit Visual Xsel®

Versuche, insbesondere im Bereich der Mikrobiologie, bedeuten einen hohen Zeit- und Kostenaufwand. Beides gilt es zu minimieren, wenn man wirtschaftlich arbeiten will. Die Versuche sollen jedoch zu eindeutigen Ergebnissen führen, welche auf die Praxis übertragbar sind und einen Mehrwert generieren. Es gilt einen Versuchsplan zu erstellen, der einerseits Kosten spart und andererseits umfangreich genug ist, um Einflüsse und Effekte zuverlässig darzustellen. Die statistische Absicherung der Ergebnisse ist dazu absolut notwendig, um Fehlinterpretationen und falsche Rückschlüsse zu vermeiden.

D-optimale Versuchspläne

Nach Ronniger [119, S. 40] ist das Ziel D-optimaler Pläne (D von Determinante hergeleitet), mit minimalem Aufwand Versuchspläne zu erstellen, welche die gewünschten Effekte und Wechselwirkungen eindeutig abbilden. Die Anzahl der einfachen Wechselwirkungen p' berechnet sich folgendermaßen mit p=Anzahl der Faktoren:

$$p' = \frac{p \cdot (p-1)}{2}$$

Die höheren Wechselwirkungen (z.B. ABC, ABD usw.) werden aufgrund ihres meist geringeren Einflusses nicht berücksichtigt. Der Umfang der Versuche würde dadurch auch gesprengt.

Bei einem Versuchsplan mit zwei Einstellungen werden folgende Anzahl Versuche benötigt:

Konstante: 1

Haupteffekte (Faktoren) : p

Wechselwirkungen: $\frac{p \cdot (p-1)}{2}$

Σ: $p + \frac{p \cdot (p-1)}{2} + 1$

Im Falle eines quadratischen Modells kommen für die mittleren Einstellungen noch mal p Versuche hinzu, außerdem werden ca. 5 Versuche benötigt, um genügend Informationen über die Streuungen (Signifikanzen der Faktoren) zu erhalten.

Zur Bestimmung von Effekten bzw. Koeffizienten wird bei den D-optimalen Versuchsplänen eine Matrixenschreibweise verwendet. Der Grund dafür ist, dass diese Pläne von der Orthogonalität abweichen, d.h. die Einflüsse nicht mehr unabhängig voneinander bestimmbar sind [120, S.77]. Schematisch dargestellt ist dies in Abbildung 4-9.

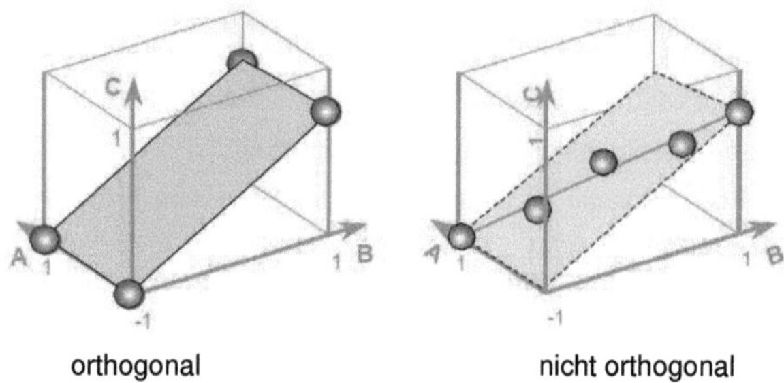

Abbildung 4-9 Orthogonalität [121]

Eine Möglichkeit für die Erzeugung des Versuchsplans ist die Methode der „Randomisierung“. Der Grundplan wird so angelegt, dass zunächst die Anzahl der Stufen möglichst gut ausbalanciert ist. Dies gilt für die Randbereiche -1 und +1, nicht für Zwischenwerte. Mittels der Determinante werden weitere Versuche hinzugefügt, wobei deren Wert zu maximieren ist. Deshalb werden bei quadratischen oder noch höherwertigen Plänen die inneren Stufen weniger oft belegt, da die Determinante stärker durch die außen liegenden Einstellungen erhöht werden kann. Danach erfolgt iterativ ein Tauschen der Positionen der Stufen auf ihren Plätzen, wodurch erreicht wird, dass die Anzahl der unteren, oberen und mittleren Stufen erhalten bleibt. Dieser "Randomtausch“ wird so lange wiederholt, bis die Determinante maximal und die Korrelation minimal ist, oder durch weitere Iteration keine nennenswerten Verbesserungen mehr erreicht werden können [119, S.42]. Abbildung 4-10 zeigt schematisch die Anordnung der Versuchspunkte bei einem vollfaktoriellen, quadratischen Versuchsplan und einem D-optimalen Plan.

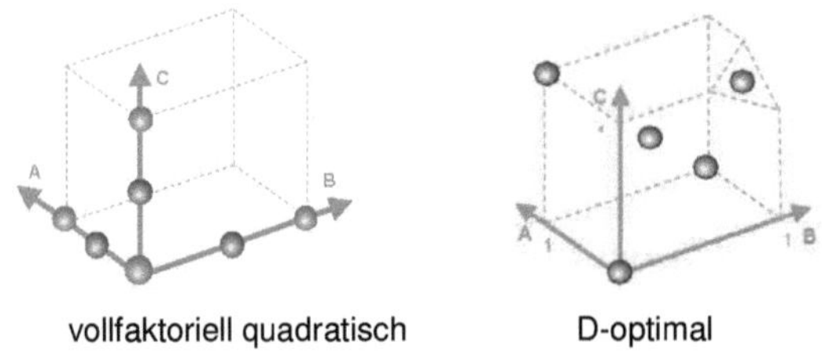

Abbildung 4-10 Anordnung der Versuchspunkte [121]

Durch die Randomisierung wird eine zufällige Versuchsanordnung erreicht und somit eine Verfälschung der Versuchsergebnisse durch einen eventuell vorhandenen Trend oder andere systematische Unterschiede weitestgehend vermieden. In begründeten Ausnahmefällen kann es aus Aufwandsgründen erforderlich sein davon abzusehen. Dies gilt vor allem, wenn

die gesamten Einzelversuche in relativ kurzer Zeit und unter konstanten Versuchsbedingungen durchgeführt werden können

eine genaue und reproduzierbare Einstellung der Faktorstufen möglich ist

und der Zeitaufwand oder die Kosten für die Änderung der Faktorstufen sehr hoch sind (eventuell auch nur für bestimmte Faktoren) [122]

Bei der Modellbildung durch quadratische Terme ist zu beachten, dass diese in einigen Fällen den tatsächlichen Verlauf nicht zufrieden stellend wiedergeben. Diese Terme haben die Eigenschaft, dass sie ein Maximum oder ein Minimum in dem betrachteten Wertebereich erzeugen können, das unter Umständen in dem wirklichen Verlauf nicht vorhanden ist. So kann z.B. ein Scheinminimum erzeugt werden, obwohl der tatsächliche Verlauf stetig fallend wäre [119, S.38].

Bei den vorliegenden Versuchen liegt ein quadratisches Modell mit Wechselwirkungen zugrunde.

Die Vorteile von D-optimalen Versuchsplänen sind:

- die Versuchszahl kann relativ unabhängig gewählt werden
- die Anzahl der Stufen der Faktoren ist frei bestimmbar
- die Versuchspläne können durch zusätzliche Faktoren erweitert werden
- der Stufenabstand muss nicht gleich sein
- man hat eine freie Modellwahl
- im Voraus durchgeführte Versuche können in den Versuchsplan integriert werden, vorausgesetzt die Faktoren sind gleich
- eine Begrenzung des Versuchsraums ist möglich
- die Lage der Versuchspunkte ist unter Einbeziehung der Optimalitätsprinzipien frei wählbar

Neben den vielen Vorteilen gibt es auch ein paar Nachteile:

- der Versuchsplan ist nicht 100%ig orthogonal
- vor der Durchführung der Versuche ist der beste Modellansatz noch nicht bekannt
- nur für den gewählten Ansatz gilt die D-Optimalität
- es wird eine geeignete Software benötigt [120, S.78/79]

Auswertung der Versuchspläne

Zunächst werden die Faktoren auf Korrelation überprüft, d.h. ob sie unabhängig voneinander betrachtet werden können. Dies ist für nicht orthogonal verlaufende Versuchspläne notwendig, da bei einer Korrelation das Modell nicht eindeutig ist. Liegen die Faktoren auf einer Geraden, so wird es später nicht möglich sein, eine eindeutig bestimmte Ebene durch die Versuchsergebnisse zu legen, da diese gedreht werden kann. Der Korrelationskoeffizient der einzelnen Faktoren sollte möglichst nahe an 0 liegen, je näher er an 1 liegt, desto ungeeigneter ist der Versuchsplan [122].

Als nächstes werden die Irrtumswahrscheinlichkeiten, die so genannten p-Values des Regressionsmodells, überprüft. Bei einem Signifikanzniveau von 95% erscheinen alle Therme mit p-Values über 0,05 rot markiert und können stufenweise aus dem Modell entfernt werden.

Danach wird die zur multiplen Regression gehörende ANOVA (Analysis of Variance) durchgeführt. Sie arbeitet mit der Methode der kleinsten Fehlerquadrate und stellt einen Vergleich zwischen dem Modell und den Versuchswerten her.
In der Auswerteübersicht steht SS für Sum of Squares, DF für Degree of Freedom, MS für Mean Square (Varianz), F für den F-Wert hieraus und p für probability value (Irrtumswahrscheilichkeit).
Ein p-Value von 0 bedeutet, dass das Signifikanzniveau nicht überschritten ist und auch das Bestimmtheitsmaß R^2 groß genug ist. Beim R^2 selbst gibt die Differenz zu 1 den Prozentanteil unerklärter Reststreuung an. Je näher es an 1 liegt, desto besser wird die Größe y durch die Werte x abgebildet. R2adj. bezeichnet das adjustierte Bestimmtheitsmaß. Hierbei werden die entsprechenden Freiheitsgrade mit berücksichtigt. Für große Stichprobenumfänge sind R^2 und R^2adj. annähernd gleich. Bei kleiner Anzahl von Freiheitsgraden überschätzt R^2 den Anteil erklärter Streuung mitunter erheblich. RMS (Root Mean Square error) steht bei der Auswertung für die Standardabweichung. RMS/Ym ist die relative Standardabweichung bezogen auf den mittleren Datenbereich. Der Vorhersageterm Q^2 stellt sich bei vielen Wiederholungen immer positiver dar, also nahe 100%, deshalb ist es bei Versuchen mit vielen Wiederholungen besser, den Lack of Fit zu betrachten. Dieser gibt die Signifikanz für das Regressionsmodell an. Die Hypothese, dass ein Lack of Fit vorhanden ist, wird verworfen, wenn die Signifikanz >5% ist. Die Wiederholbarkeit W^2 ist ein Indiz dafür, in wie fern die mittlere Quadratsumme des reinen experimentellen Fehlers gleich null ist. Somit läge bei $W^2 = 1$ der Fehler bei 0.
Der nächste Schritt ist die so genannte Box-Cox-Transformation. Die Zielgröße wird auf verschiedene Weisen transformiert und die Residuen werden ermittelt. Je kleiner die Residuen sind, desto kleiner ist die Abweichung vom Modell und desto besser die zu wählende Transformation. Es bleibt jedoch zu überprüfen, ob sich das R^2 bei einer Transformation wirklich verbessert oder ob sich einzelne Signifikanzen so stark ändern, dass das Bestimmtheitsmaß sogar schlechter wird.
Unter der Rubrik "Optima" können eine oder mehrere Zielgrößen und deren Modell optimiert werden. Jede Zielgröße kann minimiert, maximiert oder auf einen bestimmten Vorgabewert gesetzt werden. Einzelne Faktoren kann man ausklammern bzw. nur auf Mittelstellung betrachten.
Schließlich besteht unter der Rubrik "Grafik" eine Auswahl an Darstellungen, um die Ergebnisse darzustellen. Zusätzlich zu den Grafiken erfolgt das Anlegen entsprechender Tabellenseiten mit den Dateninformationen. Für die Darstellung von 2- oder 3 dimensionalen Diagrammen sind entsprechende Faktoren zu wählen. Solche

Faktorenpaare, die als Wechselwirkungen im Modell vorkommen, sind mit einem * am Anfang gekennzeichnet.

Die Einstellungen der Faktoren sind bei dem Kurvendiagramm durch Verschieben der roten Linien in der Grafik veränderbar. Durch die waagerechte rote Linie wird immer der entsprechende Ergebniswert der Zielgröße angezeigt. Eine Extrapolation des Modells ist möglich, die Aussagen in diesen Bereichen sind jedoch mit Vorsicht zu betrachten.

In dem Diagramm Wechselwirkungen erfolgt die Darstellung der jeweiligen Kurvenverläufe paarweise. Mit seiner Farbe steht jedes Kurvenpaar für den jeweiligen Faktor, mit dem dieser in einer Wechselwirkung steht. Die Kennzeichnung (+) steht hierbei für die obere und die Kennzeichnung (-) für die untere Faktoreinstellung. Nicht signifikante Wechselwirkungen sind aus dem Modell heraus genommen und nicht dargestellt.

Aus dem jeweils obersten und untersten Punkt der Kurven bilden sich die so genannten Effekte. Sortiert nach ihrer absoluten Größe sind sie als Säulendiagramm dargestellt, somit ist leicht ersichtlich, wo die größten Verbesserungspotentiale liegen. In diesem Effektediagramm werden alle Wechselwirkungspartner gleichzeitig mit einbezogen. Des Weiteren besteht die Möglichkeit, die Effekte auf eine Faktoreinheit zu beziehen, um bei unterschiedlichen Faktorbereichen eventuell falsche Rückschlüsse auf die Wirkungen zu verhindern.

Je besser das Modell und das Bestimmtheitsmaß sind, desto besser liegen bei der Darstellung der Residuenverteilung die Beobachtungen am Modellwert. Ideal wäre es, wenn alle Punkte auf einer 45°-Linie und die meisten in der Nähe von Null liegen. Die Abweichung jedes Punktes von dieser Linie wird Residuen genannt, welche normal verteilt sein sollten. Bei dem Diagramm Residuenverteilung ist der Vertrauensbereich von 95% mit eingezeichnet.

Für die Darstellung zweier Faktoren auf die Zielgröße sind bevorzugt Netzdiagramme zu verwenden. Es sollten zwei Faktoren gewählt werden, bei denen eine Wechselwirkung besteht.

5 Ergebnisse

5.1 Mikrobiologische Untersuchungen

5.1.1 Keimreduktion von Anolyt 1 auf Kulturhefen und Fremdhefen

Hefen sind ubiquitär vorhanden und können während der Verarbeitung und Abfüllung von Getränken zu unerwünschten Kontaminationen führen. Durch Bildung von CO_2 während des Gärvorgangs in geschlossenen Gebinden wie z.B. Flaschen können Bombagen auftreten, die ein hohes Verletzungsrisiko für den Konsumenten darstellen.
Hefen werden eingeteilt in Kultur- und Fremdhefen. Zu den Kulturhefen zählen Hefepilze der Art *Saccharomyces cerevisiae*, welche unter anderem für den Brauprozess eingesetzt werden. Sie verstoffwechseln Mono-, Di- und Trisaccharide, insbesondere Maltose, Saccharose, Glucose und Fructose, wobei eine Vielzahl an Gärungsprodukten entsteht. Fremdhefen sind aus verschiedenen Gründen im Brauprozess unerwünscht: *Saccharomyces diastaticus* fermentiert u.a. mit Hilfe von Amylasen und Amyloglucosidasen Dextrin und kann Fehltöne im Bier verursachen. Sie kann ein Grund für Bodensatz, Trübung, Geschmacks- und Geruchsfehler sein. *Candida tropicalis* gehört zu der Gruppe der pathogenen Hefen und ist deshalb von Lebensmitteln fern zu halten.
Für die Versuche wurden die Hefen 3 Tage in Würzebouillon angezüchtet und mittels Durchflusszytometrie eine Lebend-/Tot-Keimzahlbestimmung nach Ablauf der Bebrütungszeit durchgeführt, dargestellt in Tabelle 5-1:

Tabelle 5-1 Ergebnisse durchflusszytometrische Untersuchungen Hefen

Keim	lebende Zellen [%]	intermediäre Zellen [%]	tote Zellen [%]
Saccharomyces cerevisiae	91,42	1,12	5,54
Saccharomyces diastaticus	91,42	0,7	7,9
Candida tropicalis	88,5	0,41	11,24

Intermediäre Zellen = Zellen mit bereits geschrumpftem Zellkern und beginnender Verhornung der Membran

Die Parameter für die Entkeimungsversuche sind in Tabelle 5-2 aufgeführt:

Tabelle 5-2 Parameter Entkeimungsversuche unterschiedliche Hefen

Parameter	Wert	Einheit
Anolyt (freies Chlor)	4	ppm
Temperatur	20	°C
pH-Wert	6	-
Einwirkzeit	2,5 und 5	min
Ausgangsverkeimung	~10^7	KbE/mL

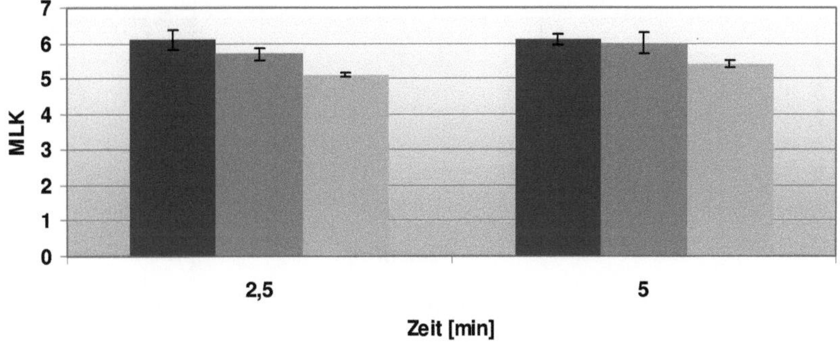

Abbildung 5-1 Keimreduktion unterschiedlicher Hefen

Wie Abbildung 5-1 verdeutlicht, war die Abtötungswirkung des Anolytes auf *Saccharomyces diastaticus* und *Saccharomyces cerevisiae* bei 20 °C gleich groß, während *Candida tropicalis* eine höhere Resistenz gegenüber dem Desinfektionsmittel zeigte. Eine Verlängerung der Einwirkzeit von 2,5 auf 5 Minuten bei der gleichen Temperatur ergab keine weitere Verbesserung der Keimreduktion. Das Desinfektionsmittel musste demzufolge nach 2,5 Minuten aufgezehrt oder zumindest nur noch so gering konzentriert sein, dass eine Steigerung der MLK nicht mehr möglich war.

Im folgenden Versuch wurden die Temperaturen bei gleicher Anolytkonzentration erhöht, um die Reduktion von *Candida tropicalis* näher zu untersuchen. Die Parametereinstellungen für diesen Versuch sind Tabelle 5-3 zu entnehmen.

Tabelle 5-3 Parameter Entkeimungsversuche *Candida tropicalis*

Parameter	Wert	Einheit
Anolyt (freies Chlor)	4	ppm
Temperatur	40, 50	°C
pH-Wert	6	-
Einwirkzeit	1, 2,5 und 5	min
Ausgangsverkeimung	10^6 - 10^7	KbE/mL

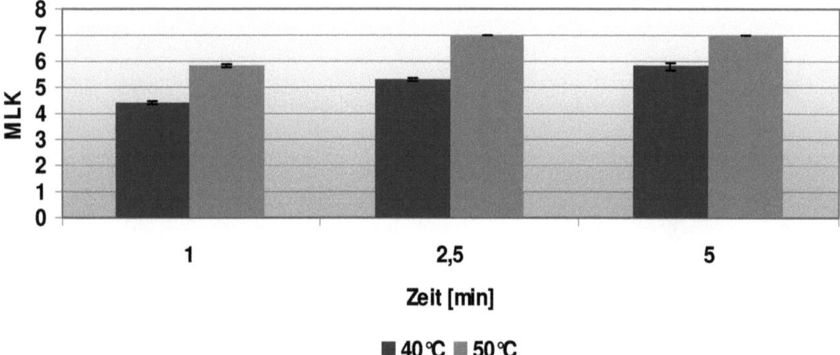

Abbildung 5-2 Keimreduktion *Candida tropicalis*

Wie in Abbildung 5-2 zu sehen ist, wurde mit einer Verlängerung der Einwirkzeit von 1 auf 2,5 Minuten sowohl bei 40°C als auch bei 50°C eine Erhöhung der Keimreduktion um etwa eine log-Stufe erreicht. Eine Ausdehnung auf 5 Minuten Einwirkzeit erzielte keine weitere Verbesserung. Dies zeigte sich bereits bei den Versuchen mit 20°C. Mit einer Temperaturerhöhung von 40 auf 50°C wurde die Entkeimungsrate um bis zu 1,5 log-Stufen gesteigert. Das Anheben der Temperatur hatte demnach den größeren Effekt verglichen mit einer Verlängerung der Einwirkzeit.

5.1.2 Keimreduktion von Anolyt 1 und Chlordioxid auf Lactobacillus und Pediococcus

Lactobacillen und Pediococcen gehören zu den bier- und weinschädlichen Bakterien. Beide sind gram-positiv und nicht Sporen bildend. *Lactobacilllus brevis* ist stäbchenförmig und kann Hexosen und Pentosen zu Milchsäure und Essigsäure vergären. *Pediococcus damnosus* ist kokkenförmig und kann einen erhöhten Milchsäuregehalt in Weinen hervorrufen. Außerdem kann er das biogene Amin Histamin bilden, welches in höheren Konzentrationen beim Konsumenten zu Kopfschmerzen führen kann [123].
Für die Versuche wurden die Lactobacillen und Pediococcen 5 Tage in NBB-Bouillon angezüchtet und mittels Durchflusszytometrie eine Lebend-/Tot-Keimzahlbestimmung nach Ablauf der Bebrütungszeit durchgeführt, dargestellt in Tabelle 5-4:

Tabelle 5-4 Ergebnisse durchflusszytometrische Untersuchungen Bakterien

Keim	lebende Zellen [%]	intermediäre Zellen [%]	tote Zellen [%]
Lactobacillus brevis	71,38	6,34	22,24
Pediococcus damnosus	88,73	1,23	9,5

Die Vorversuche wurden bei Zimmertemperatur (20℃) mit einer Einwirkzeit von einer Minute unter pH-neutralen Bedingungen (pH 7) durchgeführt. Es galt zu ermitteln, welche Konzentrationen von Anolyt und Chlordioxid zu etwa gleichen Keimreduktionen von *Lactobacillus brevis* und *Pediococcus damnosus* führen. Nach Festlegung der Konzentrationen wurden Versuche bei pH 6 und pH 8 mit beiden Mitteln durchgeführt. Die Ergebnisse werden für die einzelnen Keime separat aufgeführt. Die Parameter für die Entkeimungsversuche sind in Tabelle 5-5 aufgeführt.

Tabelle 5-5 Parameter Entkeimungsversuche *Lactobacillus brevis*

Parameter	Wert	Einheit
Anolyt (freies Chlor)	1,5	ppm
Chlordioxid	0,6	ppm
Temperatur	20	℃
pH-Wert	6, 7, 8	-
Einwirkzeit	1	min
Ausgangsverkeimung	~10^5	KbE/mL

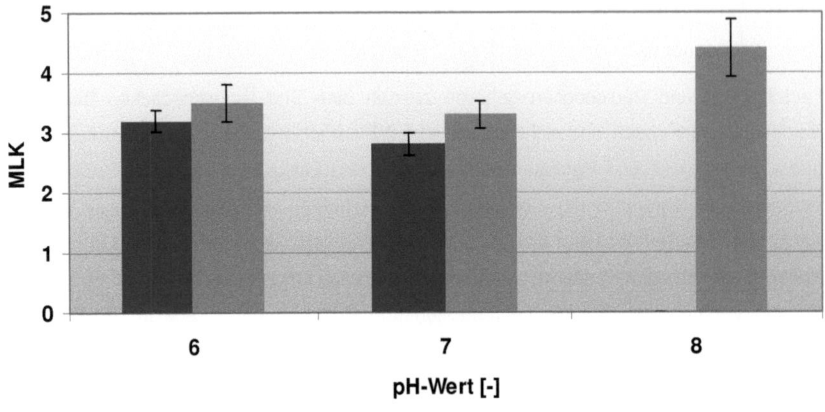

Abbildung 5-3 Keimreduktion von *Lactobacillus brevis*

Wie in Abbildung 5-3 verdeutlicht, musste die Konzentration des Anolyt etwa 2,5 mal so hoch sein im Vergleich zur Chlordioxidkonzentration, um die gleiche Keimreduktion von *Lactobacillus brevis* zu erreichen. Mit Werten von pH 6 und pH 7 wurde mit beiden Mitteln eine MLK 3 erreicht. Die Behandlung mit Anolyt erzielte mit Werten von pH 8 und einer Vorverkeimung von $6{,}3 \cdot 10^5$ KbE kein auswertbares Ergebnis, die Keimreduktion war zu gering. Deshalb fehlt dieser Wert in der Grafik. Die Abhängigkeit der Desinfektionswirkung des Anolyt vom pH-Wert wird hier deutlich. Chlordioxid hingegen erreichte bei pH 8 eine um eine log-Stufe bessere Abtötung. Dieses wirkte also im alkalischen Bereich mit gleicher Konzentration besser.

Tabelle 5-6 Parameter Entkeimungsversuche *Pediococcus damnosus*

Parameter	Wert	Einheit
Anolyt (freies Chlor)	1,1	ppm
Chlordioxid	0,7	ppm
Temperatur	20	°C
pH-Wert	6, 7, 8	-
Einwirkzeit	1	min
Ausgangsverkeimung	~10^5	KbE/mL

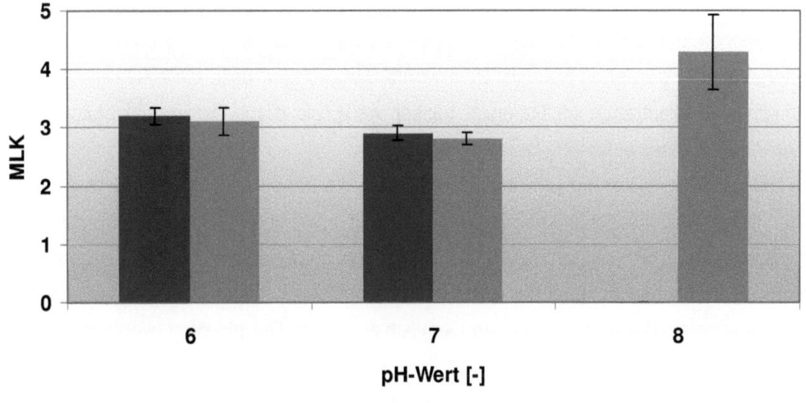

Abbildung 5-4 Keimreduktion von *Pediococcus damnosus*

Die Parameter für die Entkeimungsversuche mit *Pediococcus damnosus* sind Tabelle 5-6 zu entnehmen. Nach Abbildung 5-4 wurde für die Reduktion dieses Keims vom Anolyt etwa das 1,5 fache der Konzentration des Chlordioxid benötigt, um eine Keimreduktion von 3 log-Stufen zu erreichen. Versuche mit den Werten pH 6 und pH 7 ließen auch hier keinen Unterschied erkennen, beide Mittel wirkten mit den gewählten Konzentrationen gleich. Für das Anolyt war wiederum, bei einer Vorverkeimung von $9 \cdot 10^5$ KbE und pH 8, kein auswertbares Ergebnis zu erzielen, die Endkeimzahl war zu hoch zum Auszählen. Deshalb kann der Wert in der Grafik nicht dargestellt werden. Auch dieser Keim wurde im alkalischen Bereich von Chlordioxid besser abgetötet, hier wurde etwa eine MLK um 4 Zehnerpotenzen erreicht.

5.1.3 Keimreduktion von Anolyt 1 und Chlordioxid im Gemisch auf *Bacillus subtilis*

Bacillus subtilis ist ein gram-positives, Sporen bildendes Bakterium, welches zur Überprüfung oxidativ wirkender Desinfektionsmittel wie Wasserstoffperoxid und Peressigsäure eingesetzt wird [125]. Die Sporen sind sehr resistent, nicht gesundheitsschädlich, leicht nachzuweisen und können in den meisten Getränken nicht auswachsen. Sie werden in Ethanol oder physiologischer Kochsalzlösung gekühlt aufbewahrt und direkt verwendet. Diese Eigenschaften machen *Bacillus subtilis* zu einem bevorzugten Testkeim für die Anwendung von Desinfektionsmitteln in der Getränkeindustrie.

Die Wirkung der Desinfektionsmittel Chlordioxid und Anolyt wurde im Einzelnen getestet. Im folgenden Versuch sollte geprüft werden, ob durch eine Mischung beider Lösungen Synergieeffekte entstehen können. Dies würde dazu führen, dass die Keimreduktion bei geringerer Konzentration im Gemisch besser wäre, als durch die vergleichbar höhere Konzentration eines einzelnen Desinfektionsmittels.

Die Faktorstufen sollten so gewählt werden, dass die hohen und mittleren Einstellungen der Desinfektionsmittelkonzentrationen einzeln betrachtet zu etwa gleichen Keimreduktionen führt. Hierzu wurden Vorversuche durchgeführt. Für die Konzentration wurde im Versuchsplan auch die Einstellung 0 ppm gewählt, um die Desinfektionsmittel getrennt voneinander und nicht nur im Gemisch zu testen. Der pH-Wert blieb konstant, da ansonsten die Anzahl der Versuche zu groß würde. Die Temperaturen waren vergleichsweise niedrig eingestellt, da auftretende Synergieeffekte eine Erhöhung der Temperatur zur besseren Keimabtötung erübrigen würden. Schließlich wurden folgende, in Tabelle 5-7 aufgeführte, Parametereinstellungen für den Faktorenversuchsplan festgelegt.

Tabelle 5-7 Parameter Entkeimungsversuch *Bacillus subtilis* mit Anolyt und Chlordioxid

Parameter	**Wert**	**Einheit**
Anolyt (freies Chlor)	0, 4, 8	ppm
Chlordioxid	0, 10, 15	ppm
Temperatur	20, 30, 40	°C
pH-Wert	6,5	-
Einwirkzeit	5; 7,5; 10	min.
Ausgangsverkeimung	10^4	KbE/mL

Zur Auswertung des Versuchsplans wurde zunächst eine ANOVA durchgeführt, dargestellt in Abbildung 5-5.

	SS	DF	MS	F	p-value
Total	276,851	125	2,2148		
Regression	262,76	10	26,276	214	0.000
Residual	14,089	115	0,12251		
Pure Error	5,6067	107	0,052399		
Lack of Fit	8,482	8	1,0603	20,2	0.000
RMS	0,35001				
RMS/Ym	0,16	16%			
R^2	0.949	95%			
R^2_{adj}	0.945	94%			
Q^2	0.939	94%			
W^2	0,976	98%			
DF	115				

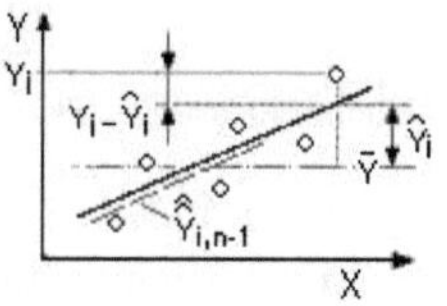

Abbildung 5-5 ANOVA Anolyt und Chlordioxid im Gemisch

Laut der ANOVA können 95% der Streuung durch das Modell erklärt werden, anders ausgedrückt bleiben 5% Reststreuung ungeklärt. Die Standardabweichung RMS für das Gesamtmodell liegt bei 0,35, bezogen auf den Mittelwert von Y bei 0,16 (RMS/Ym). Das Q^2 von 94% bedeutet, dass eine gute Vorhersagekraft des Modells auf nicht gemessene Punkte besteht. Das Modell neigt somit nicht zum Over-Fit, es modelliert also nicht zuviel des Guten oder Schlechten. Das W^2 von 98% gibt einen Hinweis darauf, wie gut sich die Versuche reproduzieren lassen. Aufgrund der Werte von Q^2 und W^2 ist demnach gesichert, dass sich das Modell mit der Durchführung neuer Versuche nicht signifikant verändern würde.

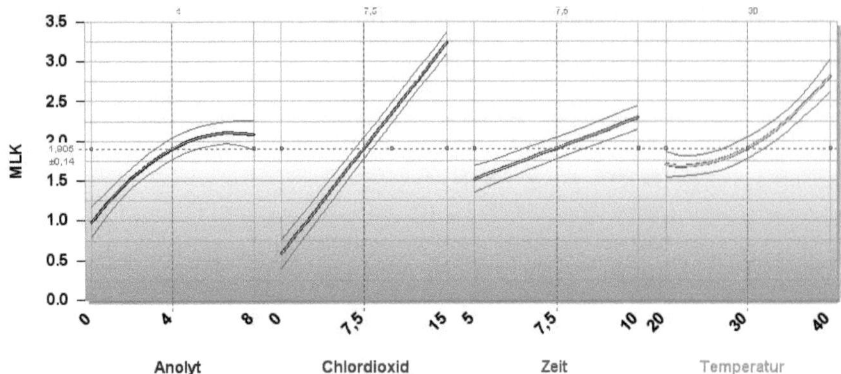

Abbildung 5-6 Mittlere Faktoreinstellungen

Dargestellt in Abbildung 5-6 sind die mittleren Faktoreinstellungen bezogen auf die Zielgröße. Die Anolytkonzentration zeigt einen exponentiell abnehmenden Verlauf auf die Keimreduktion. Dies könnte darauf hin deuten, dass die maximale Faktorstufe zu niedrig gewählt wurde und das Anolyt vollständig bei der Reaktion aufgebraucht wurde. Bei der Chlordioxidkonzentration hingegen ist der Verlauf linear ansteigend, d.h. die Keimreduktion hängt proportional vom Chlordioxidgehalt ab. Auch die Verlängerung der Einwirkzeit bedingt einen linearen Anstieg der Keimreduktion. Die Temperatur hat einen exponentiell ansteigenden Einfluss auf die Zielgröße. Von 20 auf 30°C beträgt die Verbesserung der Keimreduktion 0,3 Dekaden, mit weiterer Temperaturerhöhung um 10K von 30 auf 40°C ist die Steigerung mit 0,9 Dekaden dreimal so groß.

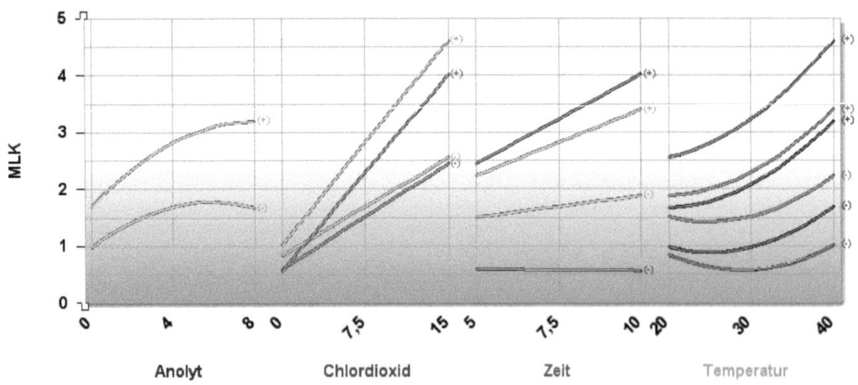

Abbildung 5-7 Wechselwirkungen Anolyt und Chlordioxid im Gemisch

Für die Interpretation der Wechselwirkungsgraphik gilt folgendes:

- Die Farbe der Graphen über dem Faktor gibt an, mit welchen anderen Faktoren dieser in Wechselwirkung steht. Eine Änderung dieser Faktoren bedingt demnach eine unterschiedliche Wirkung dieses Faktors auf die Zielgröße.
- Das Plus steht für die maximale, das Minus für die minimale Faktoreinstellung.
- Je weniger parallel die Geraden für die minimalen und maximalen Faktoreinstellungen verlaufen, desto größer ist der Wechselwirkungseffekt.

Abbildung 5-7 macht deutlich, dass keine Wechselwirkung zwischen Anolyt und Chlordioxid besteht. Das Mischen beider Desinfektionsmittel führt demnach nicht zu einer Steigerung der Keimreduktion, verglichen mit der einzelnen Anwendung von Chlordioxid oder Anolyt. Es bestehen aber andere Wechselwirkungen, welche im Folgenden separat aufgeführt werden:

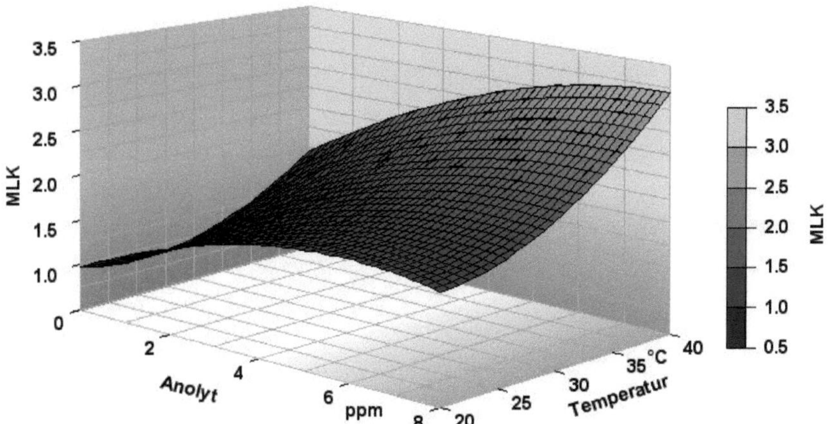

Abbildung 5-8 Wechselwirkung Anolyt/Temperatur (Chlordioxid 7,5 ppm, Einwirkzeit 7,5 min)

Die Einzelbetrachtung der Faktoren in Abbildung 5-8 zeigt bei höher konzentrierten Anolytlösungen eine exponentiell abfallende Steigung der Keimreduktion, während sie mit höher werdender Temperatur exponentiell ansteigt. Bei gleichzeitiger Erhöhung beider Faktoren aber wird deutlich, dass sie in Wechselwirkung zueinander stehen, da dies insgesamt zu einem exponentiellen Anstieg des Wertes der Zielgröße führt.

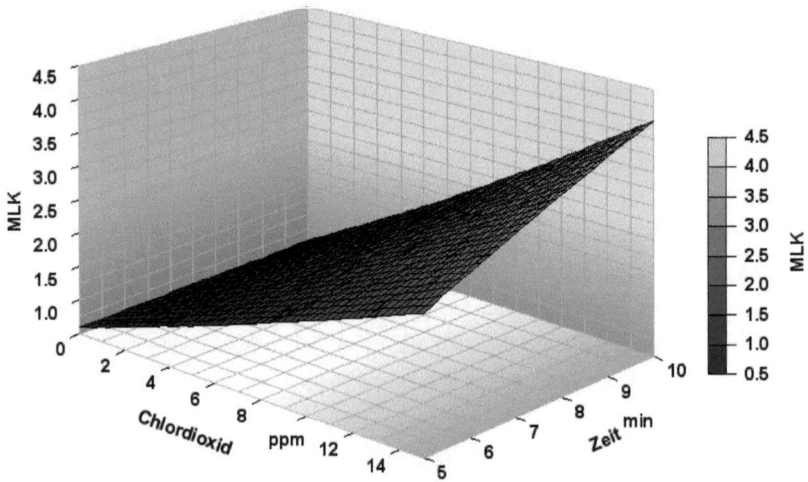

Abbildung 5-9 Wechselwirkung Chlordioxid/Zeit (Anolyt 4 ppm, Temperatur 30°C)

Auch die Faktoren Chlordioxid und Einwirkzeit haben einen Wechselwirkungseffekt, dargestellt in Abbildung 5-9. Die gleichzeitige Erhöhung beider Faktoren bedingt eine deutlichere Änderung der Zielgröße, als ein Faktor alleine. Verglichen mit der Wechselwirkung Anolyt und Temperatur ist der Einfluss nicht so stark.

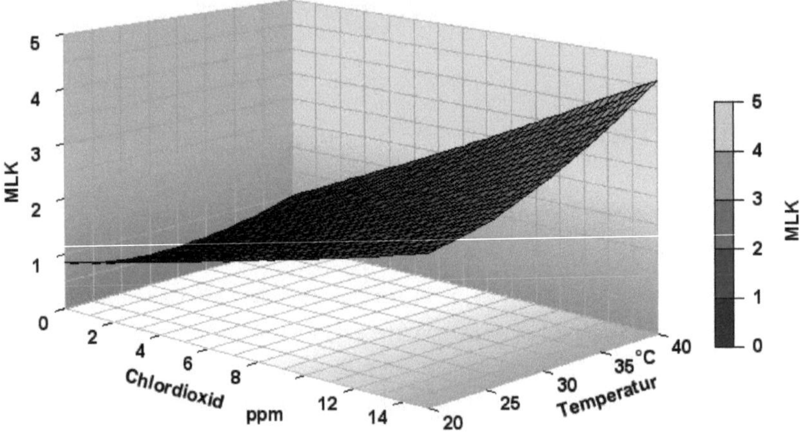

Abbildung 5-10 Wechselwirkung Chlordioxid/Temperatur (Anolyt 4 ppm, Einwirkzeit 7,5 min)

Wie bei den Faktoren Anolyt und Temperatur führt laut Abbildung 5-10 auch die Kombination von Chlordioxid und Temperatur zu einem Wechselwirkungseffekt. Mit den gegebenen Parametern ist der Absolutwert im Vergleich höher. Außerdem ist beim Chlordioxid nicht wie beim Anolyt mit steigender Konzentration und niedrigen Temperaturen ein abnehmender Effekt, sondern ein stetig zunehmender Effekt zu erkennen.

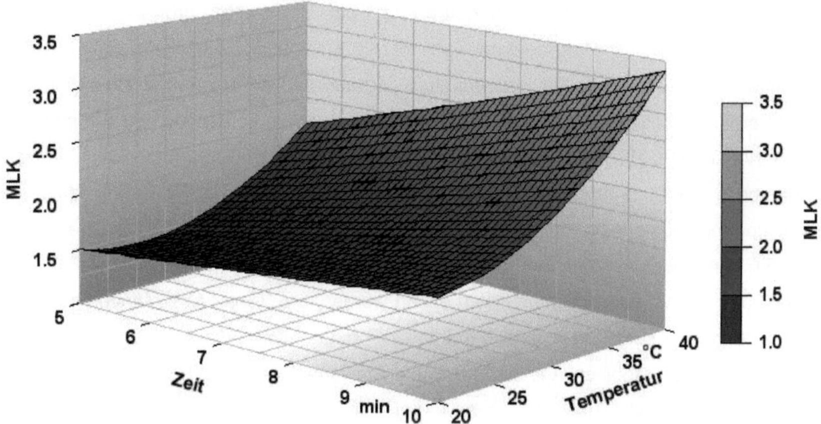

Abbildung 5-11 Wechselwirkung Zeit/Temperatur (Anolyt 4 ppm, Chlordioxid 7,5 ppm)

Abbildung 5-11 zeigt, dass die Erhöhung der Faktoren Einwirkzeit und Temperatur in Kombination eine bessere Keimreduktion bedingen. Somit haben längere Einwirkzeiten mit höheren Temperaturen einen synergistischen Effekt auf die Zielgröße. Das Anheben der Temperatur bewirkt unter den gegebenen Parametern die größte Wirkung hinsichtlich der Keimreduktion.

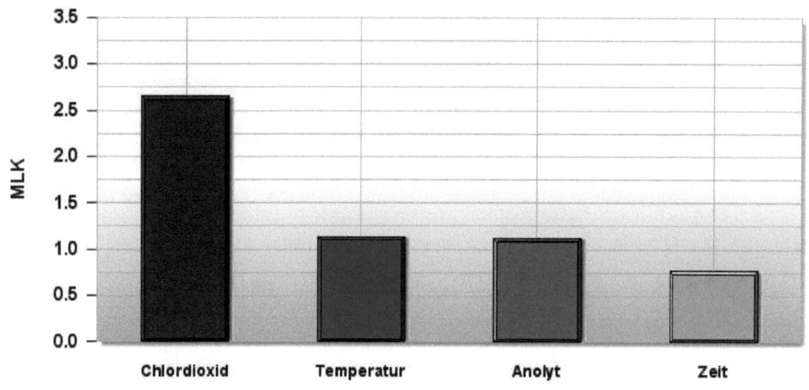

Abbildung 5-12 Absolute Effekte bezogen auf maximale y-Differenz

Bezogen auf die maximale Differenz der Zielgröße hat das Chlordioxid mit einem Absolutwert von 2,7 log-Stufen den größten Effekt bezüglich der untersuchten Keimreduktion, wie in Abbildung 5-12 dargestellt. Der Einfluss der Faktoren Temperatur und Anolytkonzentration ist mit einer MLK-Erhöhung um 1,2 gleich groß, während die Einwirkzeit mit 0,8 einen etwas geringeren Effekt hat. Der deutlich größere Einfluss des Chlordioxid ist mit der Parameterauswahl für die Desinfektionsmittel zu erklären: das Chlordioxid wurde in doppelter Konzentration angewendet wie das Anolyt. Dies führte zu einer vergleichsweise höheren Keimreduktion, was im Widerspruch zu den Ergebnissen der Vorversuche steht. Demnach hätte bei diesem Versuchsplan die Anolytkonzentration höher oder die Chlordioxidkonzentration niedriger gewählt werden müssen, damit die Mittel unabhängig voneinander zu etwa gleichen Keimreduktionen führen. Der Unterschied zu den Vorversuchen kann nur mit veränderten Einstellungen der Faktoren Zeit und Temperatur beim Faktorenversuchsplan erklärt werden. Die Vorversuche fanden bei 20°C und 7,5 min Einwirkzeit statt. Betrachtet man sich diese Werte in den Wechselwirkungsgraphiken Abbildung 5-8 und Abbildung 5-10 so erkennt man, dass die Keimreduktionen mit diesen Parametern bei den gewählten Konzentrationsstufen für Anolyt und Chlordioxid etwa gleich sind. Erst mit Anhebung der Temperatur wird die Keimreduktion von Chlordioxid gesteigert im Vergleich zur Keimreduktion des Anolyt.

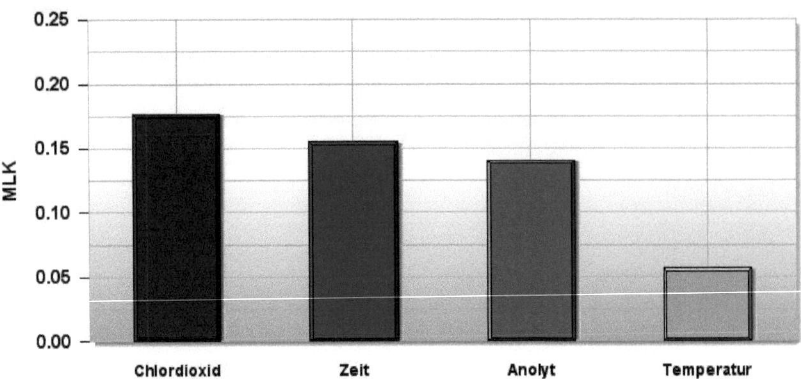

Abbildung 5-13 Absolute Effekte bezogen auf eine Faktoreinheit

In Abbildung 5-13 werden die Faktoreinheiten verglichen. Beim Chlordioxid und Anolyt bezieht sich dieser Vergleich auf die Konzentration von 1 ppm, bei der Zeit auf 1 Minute und bei der Temperatur auf 1 K. Bezogen auf eine Faktoreinheit ist der Effekt des Chlordioxids verglichen mit Anolyt offensichtlich nur noch gering, die Differenz beträgt 0,05. Dies bestätigt die Interpretation der vorangegangenen Grafik und die Diskrepanz der minimalen und maximalen Konzentrationseinstellungen. Vergleicht man diesen Wert mit der Standardabweichung der MLK-Werte von 0,35 bei der ANOVA, so liegt die Differenz von 0,05 selbst bei einer Hochrechnung auf die absoluten Faktoreinstellungen noch innerhalb des Wertes der Standardabweichung. Somit haben die Konzentrationen der Desinfektionsmittel und auch die Einwirkzeit den gleichen Effekt auf die Zielgröße bezogen auf eine Faktoreinheit. Lediglich die Temperatur hat bei dieser Betrachtung mit Erhöhung um 1K einen geringeren Einfluss, hier liegt der Effekt bei 0,06 log-Stufen.

5.1.4 Optimieren der Keimreduktion von Anolyt 1 auf *Bacillus subtilis*

5.1.4.3 Vorversuche

In den Versuchen sind die Parameter pH-Wert und Temperatur variiert. Folgende Werte wurden festgelegt:

Tabelle 5-8 Parameter Entkeimungsversuche B. subtilis unterschiedliche Temperaturen

Parameter	Wert	Einheit
Anolyt (freies Chlor)	4	ppm
Temperatur	40, 50, 60	°C
pH-Wert	3 - 7	-
Einwirkzeit	5	min.
Ausgangsverkeimung	10^5	KbE/mL

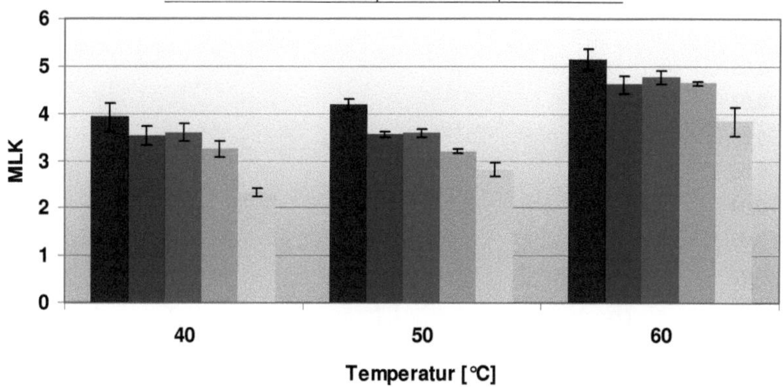

Abbildung 5-14 Keimreduktion unter Einwirkung unterschiedlicher Temperaturen

Die Abtötungswirkung von Anolyt auf *Bacillus subtilis* wurde in unterschiedlichen pH-Bereichen getestet, da die unterchlorige Säure als Hauptbestandteil in Ihrer Wirkung stark vom pH abhängt. Dargestellt sind die Ergebnisse in Abbildung 5-14. Je niedriger der pH-Wert war, desto besser war die gemessene Entkeimungsleistung des Anolyt unter gleich bleibenden Konzentrationsbedingungen. Dies erklärt sich durch den höheren Anteil an undissoziierter und somit mikrobiologisch wirksamer unterchloriger Säure. Besonders markant waren die Reduktionsraten der Werte pH 6 und pH 7, die sich um etwa eine log-Stufe unterschieden. In der Literatur wird der Prozentanteil HOCl bei 30℃ und pH 7 mit 76% angegeben, Werte von pH 6 ergeben bei gleicher Temperatur einen Gehalt von 97% [3]. Es waren also über 20% mehr an wirksamen Substanzen vorhanden, die eine solche Leistungssteigerung in der Entkeimung erzielen konnten. Im Bereich pH 5 beträgt der Anteil unterchloriger Säure über 99%, so dass ab diesem Wert keine Steigerung der Entkeimungsleistung mehr zu erwarten ist. Die MLK Werte von pH 5 und pH 4 unterschieden sich auch nicht mehr. Es war lediglich zwischen pH 4 und pH 3 noch eine Erhöhung der Entkeimungsrate zu erkennen. Aufgrund der großen Steigerung zwischen pH 6 und pH 7 wurden die folgenden Versuche nur noch mit der Variation von pH 6 bis pH 3 durchgeführt.

Eine Temperaturerhöhung bewirkte eine weitere Verbesserung der Entkeimungsrate, da höhere Temperaturen eine schnellere Penetration der unterchlorigen Säure in die Zelle bewirken. Somit konnten pro Zeiteinheit mehr Mikroorganismen abgetötet werden.

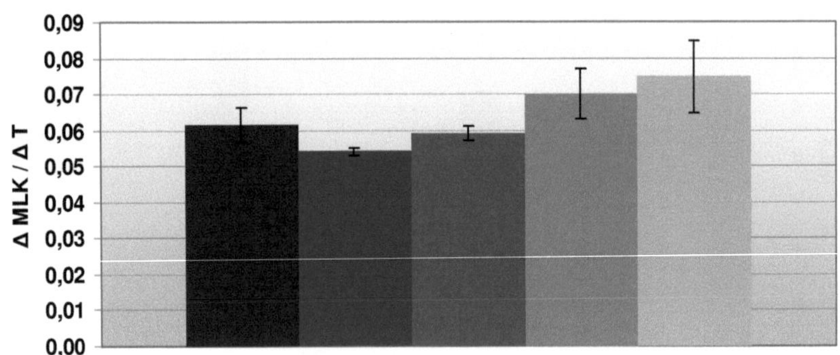

Abbildung 5-15 Verhältnis Δ MLK zu Δ T bei *Bacillus subtilis*

Bildet man, wie in Abbildung 5-15 dargestellt, aus den Werten von 40° und 60℃ den Quotient ΔMLK / ΔT so steigt der Wert mit Erhöhung des pH-Wertes stetig an; pH 3 bildet hier eine Ausnahme. Somit wird deutlich, dass bei höheren pH-Werten eine Erhöhung der Temperatur einen größeren Einfluss auf die Keimreduktion hat. Ein Anheben der Temperatur um 20 °C und die Einstellung auf pH 7 führt zu einer Steigerung der MLK von etwa 40%, verglichen mit der Keimreduktionsrate von pH 4 und gleicher Temperatursteigerung.

In weitergehenden Versuchen wurde die Konzentration des Anolyt variiert. Die Temperatur wurde auf den mittleren Wert der zuvor getesteten Temperaturen festgesetzt, die Parameter sind Tabelle 5-9 zu entnehmen.

Tabelle 5-9 Parameter Entkeimungsversuche B. subtilis unterschiedliche Konzentrationen

Parameter	Wert	Einheit
Anolyt (freies Chlor)	4, 6, 8	ppm
Temperatur	50	°C
pH-Wert	3 - 6	-
Einwirkzeit	5	min.
Ausgangsverkeimung	10^5 und 10^6	KbE/mL

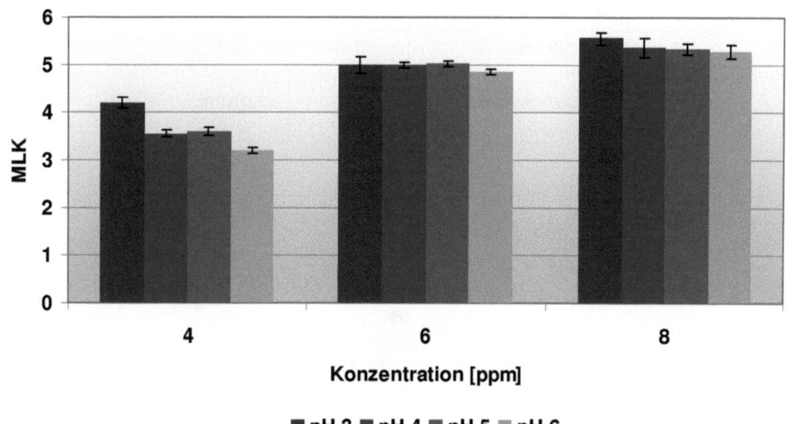

Abbildung 5-16 Keimreduktion von unterschiedlichen Konzentrationen

Wie in Abbildung 5-16 dargestellt, führte eine Konzentrationserhöhung von 4 auf 6 ppm freies Chlor zu einer Steigerung der Entkeimungsrate um etwas mehr als eine Logarithmusstufe. Mittels eines höheren Anteils an mikrobiologisch wirksamen Substanzen konnten, aufgrund der erhöhten Penetration unterchloriger Säure in die

Zellen, mehr Mikroorganismen pro Zeiteinheit inaktiviert werden. Der Unterschied zwischen 6 und 8 ppm war nicht mehr so deutlich wie der zwischen 4 und 6 ppm, jedoch wurde auch hier eine Verbesserung der Entkeimungsleistung um eine halbe Logarithmusstufe erreicht. Konzentrationen von 6 und 8 ppm führten im Bereich pH 6 bis pH 3 zu keinem Unterschied in der Keimreduktion. Die MLK-Werte lagen alle innerhalb der Standardabweichung. Da die Konzentration insgesamt höher war, kam die Verschiebung des Gleichgewichts in Richtung undissoziierter hypochloriger Säure nicht mehr so stark zum Tragen wie bei der Verwendung von 4 ppm freiem Chlor.

Im nächsten Schritt wurde die Einwirkzeit des Anolyt variiert. Da eine deutliche Erhöhung der Entkeimungsleistung zwischen 4 und 6 ppm erkennbar war, wurde mit einer Konzentration von 6 ppm fortgefahren, die Parametereinstellungen sind Tabelle 5-10 zu entnehmen.

Tabelle 5-10 Parameter Entkeimungsversuche B. subtilis unterschiedliche Einwirkzeiten

Parameter	Wert	Einheit
Anolyt (freies Chlor)	6	ppm
Temperatur	50	°C
pH-Wert	3 - 6	-
Einwirkzeit	1-5	min.
Ausgangsverkeimung	10^3, 10^4, 10^6	KbE/mL

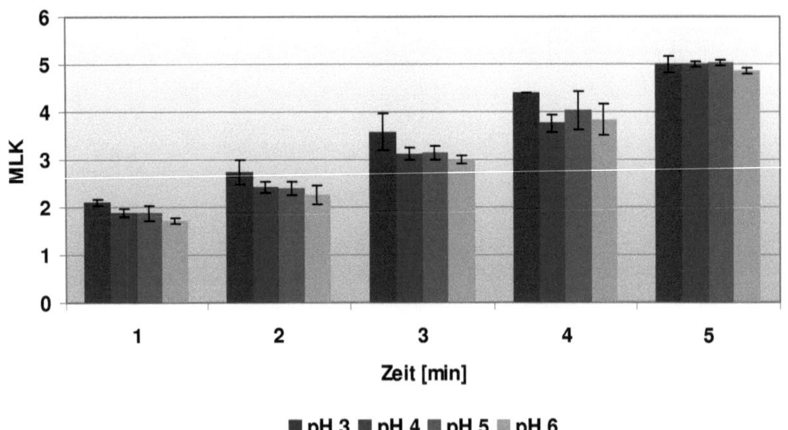

Abbildung 5-17 Keimreduktion bei unterschiedlichen Einwirkzeiten

Wie Abbildung 5-17 zeigt, wurde mit Erhöhung der Einwirkzeit um jeweils eine Minute eine durchschnittliche Steigerung der Entkeimungsrate um etwa 0,7 Logarithmusstufen erreicht, dargestellt in Abbildung 5-17. Die Erhöhung der MLK-Werte verläuft in dem betrachteten Zeitraum unter den gegebenen Parametern linear. Zur Verdeutlichung befindet sich eine Grafik mit Linien und Trendfunktion mit Bestimmtheitsmaßen im Anhang, S. 202.

Der Unterschied zwischen den einzelnen pH-Wert Einstellungen war nicht signifikant, womit sich die Ergebnisse des vorangegangenen Versuches mit unterschiedlichen Konzentrationseinstellungen bestätigten.

5.1.4.4 Faktorenversuchsplan zur Optimierung der Keimreduktion von Anolyt 1 auf *Bacillus subtilis*

Aufgrund der Erfahrungen aus den dargestellten Vorversuchen wurden folgende Parameter für einen Faktorenversuchsplan zur Optimierung der Abtötungswirkung von Anolyt auf *Bacillus subtilis* festgelegt:

Tabelle 5-11 Parameter Entkeimungsversuche B. subtilis Faktorenversuchsplan

Parameter	Wert	Einheit
Anolyt (freies Chlor)	2, 4, 6, 8	ppm
Temperatur	30, 40, 50, 60	°C
pH-Wert	6	-
Einwirkzeit	3, 6, 9	min.
Ausgangsverkeimung	10^4 und 10^5	KbE/mL

In Vorversuchen zu diesem Versuchsplan stellte sich heraus, dass die neue Charge *Bacillus subtilis* Sporen eine höhere Resistenz gegenüber Anolyt aufwies, deshalb wird die Vorverkeimung diesmal niedriger angesetzt. Obwohl die Sporen vom gleichen Hersteller waren, gibt es viele Einflüsse, die zu einem mehr oder weniger resistenten Verhalten führen können. Hauptsächlich ist der geringe Gehalt an frei verfügbarem Wasser für die Resistenz der Sporen verantwortlich, was unter anderem durch die Einlagerung von Mineralstoffen erreicht wird. Aber auch die Permeabilitäts-Barriere der Sporenhülle gegenüber Desinfektionsmitteln und das Binden der DNA an Proteine tragen zur Resistenz bei. Kleine Unterschiede in den Anzucht- bzw. Lagerverhältnissen bedingen unerwünschte Schwankungen, die zu unterschiedlichen Resistenzen führen. Beispielweise führen höhere Temperaturen in der Anzucht zu einer ausgeprägteren Hitzeresistenz der Sporen [124].

Innerhalb einer Versuchsreihe war es deshalb wichtig, die gleiche Charge Mikroorganismen zu verwenden. Um Schwankungen in der Vorverkeimung zu minimieren, wurde eine für den Versuchsplan ausreichende Menge Sporensuspension in ein Behältnis gegeben und diese für die Tests verwendet. Zur besseren Auswertung ungünstiger Faktorkombinationen wurde nur ein Zehntel der Suspension nach Ablauf der Einwirkzeit abfiltriert und das Ergebnis auf die ursprüngliche Endkeimzahl hochgerechnet. Für Faktorkombinationen, die zu einer Keimreduktion im Bereich MLK 4 oder höher führten, wurde die Vorverkeimung um eine Zehnerpotenz erhöht. Mit diesen Maßnahmen war schließlich gewährleistet, dass alle Versuche des breit gefächerten Faktorenversuchsplanes auswertbar waren.

	SS	DF	MS	F	p-value
Total	179,576	150	1,1972		
Regression	162,56	7	23,223	197	0.000
Residual	16,884	143	0,11807		
Pure Error	2,107	134	0,015724		
Lack of Fit	14,777	9	1,6418	104	0.000
RMS	0,34361				
RMS/Ym	0,28	28 %			
R^2	0.904	90 %			
R^2_{adj}	0.899	90 %			
Q^2	0.897	90 %			
W^2	0,987	99 %			
DF	143				

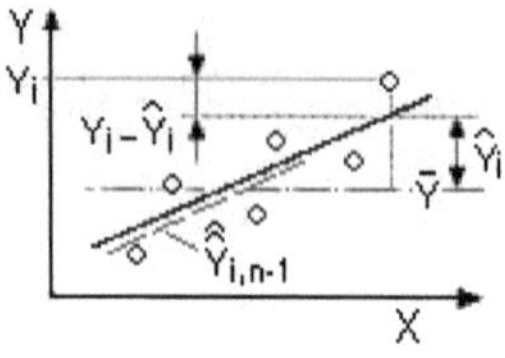

Abbildung 5-18 ANOVA Optimum Keimreduktion *Bacillus subtilis*

Die Daten der ANOVA sind analog Kapitel 5.1.3 auszuwerten und bescheinigen dem Modell eine Zuverlässigkeit.

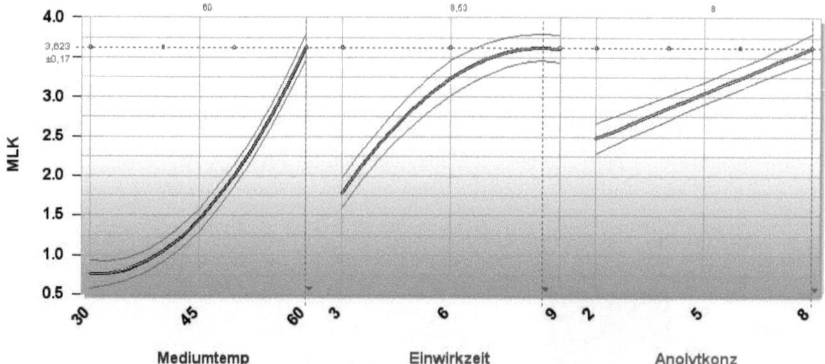

Abbildung 5-19 Optimum Parametereinstellung Keimreduktion *Bacillus subtilis*

Das Modell ermittelt das Optimum bei folgenden Faktoreinstellungen:

- Mediumtemperatur: 60°C
- Einwirkzeit: 8,5 min
- Anolytkonzentration: 8 ppm

Somit liegt die optimale Keimreduktion, mit Ausnahme der Einwirkzeit, bei den maximalen Faktoreinstellungen. Die Ursache hierfür könnte der vollständige Verbrauch der unterchlorigen Säure bei geringen Konzentrationen innerhalb der gewählten Einwirkzeit sein.

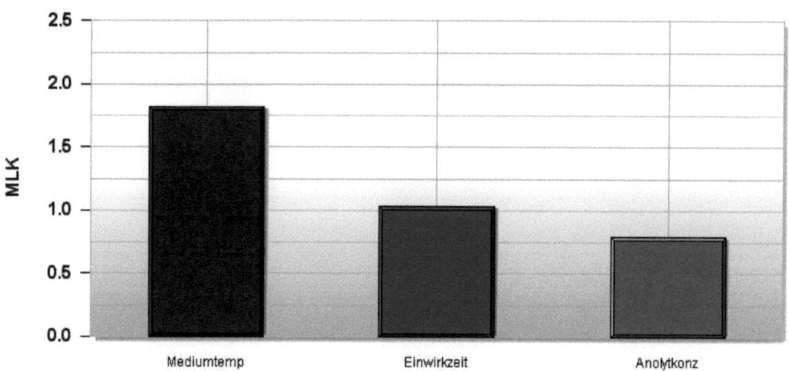

Abbildung 5-20 Absolute Effekte aus maximaler y-Differenz

Die Darstellung der absoluten Effekte in Abbildung 5-20 zeigt, dass die Mediumtemperatur den größten Einfluss auf die Keimreduktionsrate hat. Die Anolytkonzentration hat den geringsten Einfluss. Allerdings sind die unterschiedlichen Differenzen der Faktorstufen zu beachten, welche für die Temperatur 10 °C, für die Einwirkzeit 3 min und für die Konzentration 2 ppm betragen. Bezogen auf eine Faktoreinheit sieht die Rangfolge laut Abbildung 5-21 folgendermaßen aus, wobei dies bei der Einwirkzeit 1 Minute, bei der Analytkonzentration 1 ppm und bei der Mediumtemperatur 1 K entspricht:

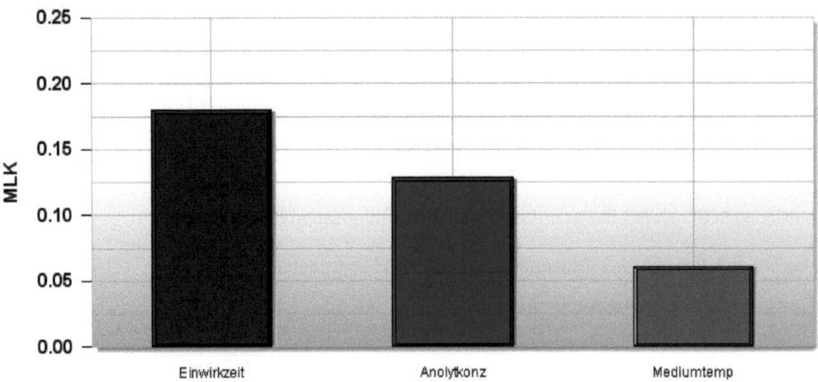

Abbildung 5-21 Absolute Effekte bezogen auf eine Faktoreinheit

Somit erzielt eine Verlängerung der Einwirkzeit um 1 Minute eine Steigerung der MLK um 0,18, ein Anheben der Anolytkonzentration um 1 ppm eine Steigerung um 0,13 und eine Erhöhung der Temperatur um 1 °C eine Steigerung um 0,06 log-Stufen. Mit Verlängerung der Einwirkzeit wird somit im Verhältnis eine bessere Abtötung erreicht als mit der Erhöhung der Temperatur oder der Konzentration um eine Faktorstufe.

Folgend sind in Abbildung 5-22 die Wechselwirkungen der gewählten Faktoren dargestellt:

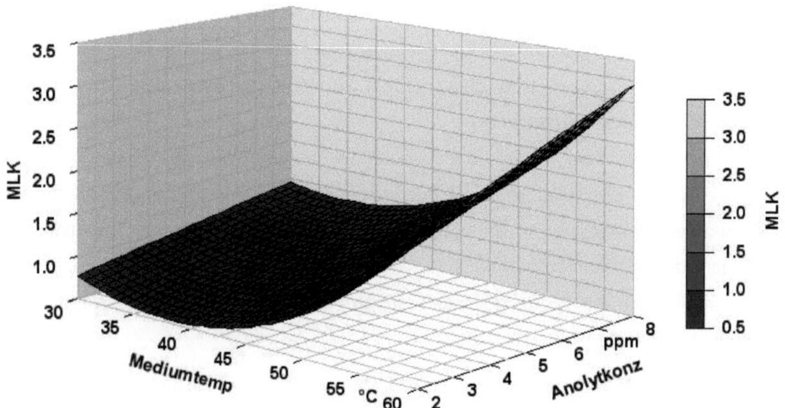

Abbildung 5-22 Wechselwirkung Mediumtemperatur/Anolytkonzentration (Einwirkzeit 8,5 min)

Der Faktor Mediumtemperatur steht in Wechselwirkung mit dem Faktor der Anolytkonzentration. Eine Anhebung der Temperatur führt unter konstanter Einwirkzeit und Anolytkonzentration zu einem exponentiellen Anstieg der Keimreduktion. Mit gleichzeitiger Erhöhung der Desinfektionsmittelkonzentration verstärkt sich dieser Effekt. Die Maximierung beider Faktoren führt zu einem schnelleren exponentiellen Anstieg der Keimreduktion, als durch einen Faktor alleine. Die Faktoren haben also einen deutlich synergistischen Effekt auf die Zielgröße.

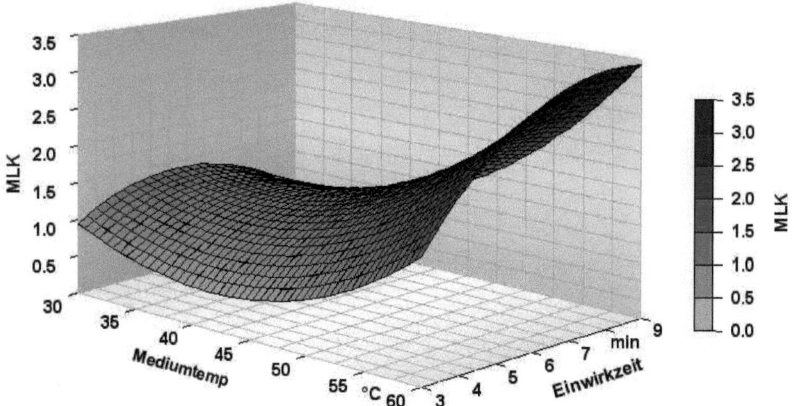

Abbildung 5-23 Wechselwirkung Medientemperatur/Einwirkzeit (Anolytkonzentration 8 ppm)

Die Faktoren Mediumtemperatur und Einwirkzeit stehen ebenfalls in Wechselwirkung zueinander. Bleibt die Konzentration des Desinfektionsmittels konstant, so führt die Erhöhung der Mediumtemperatur zu einer Steigerung der Keimreduktion. Mit gleichzeitiger Verlängerung der Einwirkzeit wird dieser Effekt verstärkt, so dass sich ein größerer Anstieg der Keimreduktion abzeichnet.

Die Funktion der Einwirkzeit ist bei 60℃ exponentiell abnehmend, sie nähert sich somit einem Maximalwert. Bemerkenswert ist der parabelförmige Verlauf der Einwirkzeit im Bereich niedriger Temperaturen, dort liegt das Optimum bei 6 Minuten. Die mittleren Einstellungen der Mediumtemperatur und der Einwirkzeit bilden den Sattelpunkt der Funktion. Erhöht man die Werte der Faktoren ab 40℃ und 6 Minuten, so werden die Synergieeffekte deutlich.

5.1.5 Vergleich der Keimreduktion von Natriumhypochlorit und Anolyt 1 auf *Bacillus subtilis*

Das pH-Optimum der unterchlorigen Säure liegt aufgrund der Dissoziationskurve im Bereich pH 6. Für den Vergleich zwischen Anolyt und einer herkömmlichen Natriumhypochloritlösung wurde deshalb der Bereich zwischen pH 6 und pH 8 gewählt. Sollten im Anolyt neben der hypochlorigen Säure weitere Substanzen vorliegen, die einen signifikanten Effekt auf die Keimabtötung besitzen, so müssten diese mit höheren pH-Werten zu einer besseren Keimreduktion verglichen mit herkömmlichem Hypochlorit führen. Vorausgesetzt: sie sind in ihrer Wirksamkeit pH-unabhängig.

Die Parameter wurden wie folgt festgelegt:

Tabelle 5-12 Parameter Entkeimungsversuche B. subtilis Faktorenversuchsplan Vergleich Anolyt/Hypochlorit

Parameter	**Wert**	**Einheit**
Anolyt (freies Chlor)	2, 4, 6	ppm
Temperatur	40, 50, 60	℃
pH-Wert	6, 7, 8	-
Einwirkzeit	5, 10, 15	min.
Ausgangsverkeimung	10^4	KbE/mL

Die Faktoren Anolyt und Hypochlorit gingen als kategorielle Faktoren mit in den Versuchsplan ein.

Da sich die pH-Werte 7 und 8 für die Keimreduktion als ungünstig erwiesen haben, wurden die Parameter Temperatur und Einwirkzeit hoch gewählt, um auswertbare

Ergebnisse zu erzielen. Die Konzentration blieb bewusst auf ein niedriges Niveau begrenzt, damit die Ergebnisse auch auf eine Praxisanwendung bei der Behandlung von Edelstahloberflächen übertragbar sind – hierbei ist das Korrosionsrisiko der entscheidende Faktor für die Festlegung der Werte.

In Vorversuchen erfolgte eine Überprüfung, welche Ausgangskonzentration des Testkeims *Bacillus subtilis* für die Durchführung der Versuche geeignet ist. Dies wurde durch das breite Spektrum des Versuchsplans von sehr günstigen Faktorkombinationen (Konzentration, Einwirkzeit und Temperatur hoch, pH-Wert niedrig) bis hin zu sehr ungünstigen Faktorkombinationen (Konzentration, Einwirkzeit und Temperatur niedrig, pH-Wert hoch) erschwert.

Außerdem stellte sich in Vorversuchen eine zu hohe Resistenz des bisher verwendeten *Bacillus subtilis* Stamms für diese Versuchsreihe heraus. Die günstigsten Faktoreinstellungen führten zu geringen Keimreduktionen, wodurch bei den ungünstigen Faktorkombinationen nicht mit einem auswertbaren Ergebnis gerechnet werden konnte. Aus diesem Grund wurde ein anderer Stamm getestet und ein Vergleich zwischen den Stämmen mit folgenden Parametern, Tabelle 5-13, hergestellt.

Tabelle 5-13 Parameter Vergleich Sporensuspensionen

Parameter	Wert	Einheit
Anolyt (freies Chlor)	6	ppm
Temperatur	50	°C
pH-Wert	6	-
Einwirkzeit	10	min.
Ausgangsverkeimung	10^4	KbE/mL

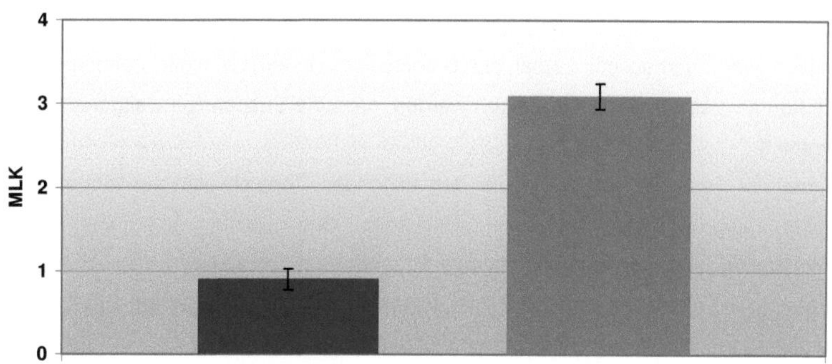

Abbildung 5-24 Vergleich der Keimreduktionsraten unterschiedlicher Sporensuspensionen

Wie Abbildung 5-24 verdeutlicht, wies der Stamm der Firma Merck eine um zwei Dekaden höhere Abtötungsrate auf. Neben der Unterschiedlichkeit der Stämme könnten die vom Hersteller bedingten, verschiedenen Lagerungen der Sporen zu den Resistenzunterschieden führen: die Merck-Sporen werden in Ringerlösung und im Kühlschrank, die Sporen von Biotecon in Ethanol und im Gefrierfach aufbewahrt. Um einen erhöhten Anteil vegetativer Keime anstelle von Sporen in der Merck-Suspension auszuschließen, wurde die Suspension für 20 Minuten auf 80°C erhitzt. Dies ist eine gängige Methode, um eventuell vorhandene vegetative Keime einer Sporensuspension zu inaktivieren [125].

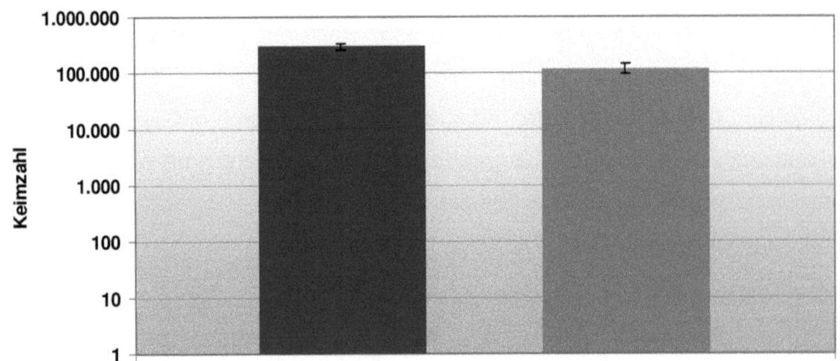

Abbildung 5-25 Überprüfung der Merck-Suspension auf Sporen

Nach Abbildung 5-25 reduzierte das Erhitzen der Suspension die Keimzahl von $3{,}0 \cdot 10^5$ auf $1{,}2 \cdot 10^5$. Der Unterschied ist als gering zu beurteilen und mit Einbeziehung der Standardabweichung wird er noch geringer. Die Abweichung der Keimzahlen vor und nach dem Erhitzen war unerheblich, zumal die Unterschiede innerhalb einer Zehnerpotenz liegen. Es konnte also davon ausgegangen werden, dass die Suspension weitgehend nur Sporen enthielt.

Somit wurde der Testkeim von Merck für den folgenden Versuchsplan verwendet. Die Werte sind aufgrund der minderen Resistenz des Keims gegenüber dem Desinfektionsmittel nicht vergleichbar mit den Ergebnissen der anderen Versuchspläne dieser Arbeit, jedoch konnten einzig mit Hilfe dieser Maßnahme auswertbare Ergebnisse innerhalb dieser geschlossenen Versuchsreihe erzielt werden.

	SS	DF	MS	F	p-value
Total	522,933	197	2,6545		
Regression	514,74	17	30,279	665	0.000
Residual	8,1936	180	0,04552		
Pure Error	6,7987	176	0,038629		
Lack of Fit	1,3949	4	0,34873	9,03	0.000
RMS	0,21335				
RMS/Ym	0,15	15%			
R^2	0.984	98%			
R^2_{adj}	0.983	98%			
Q^2	0.981	98%			
W^2	0,985	99%			
DF	180				

Abbildung 5-26 ANOVA Vergleich Hypochlorit / Anolyt

Auch bei der Auswertung dieses Faktorenversuchsplans wird zunächst eine ANOVA durchgeführt, dargestellt in Abbildung 5-26. Die Auswertung muss wieder analog des Beispiels in Kapitel 5.1.3 erfolgen. Ein Vergleich mit den Sollwerten führt dazu, das Modell als zuverlässig anzuerkennen.

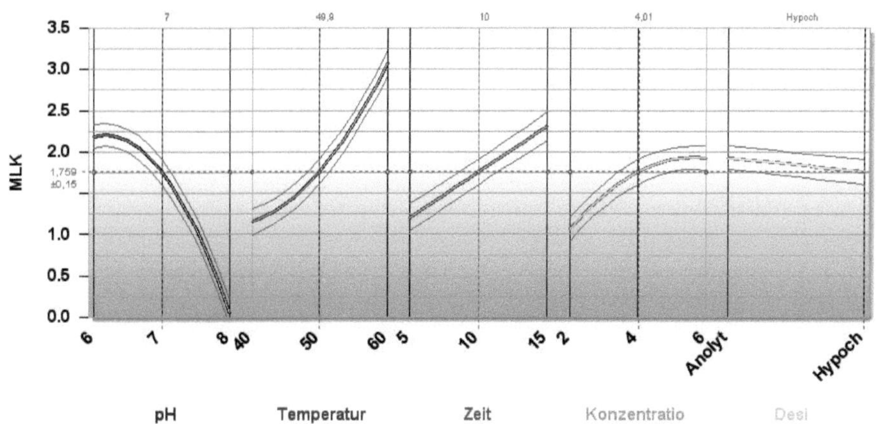

Abbildung 5-27 Mittlere Faktoreinstellungen Vergleich Hypochlorit/Anolyt

Die Trendkurven in Abbildung 5-27 sind für mittlere Faktoreinstellungen angezeigt. Eine Erhöhung des pH-Wertes hat eine exponentielle Abnahme der Keimreduktion zufolge. Dies ist bedingt durch den prozentualen Anteil an undissoziierter hypochloriger Säure bei unterschiedlichen pH-Werten. Im Bereich pH 6 liegen über 95% undissoziiert vor, bei pH 7 etwa 75%, und die Verschiebung nach pH 8 führt zu einem Anteil unter 25%. Der Verlauf der Keimreduktionsrate ist vergleichbar mit dem Verlauf der Dissoziationskurve für Hypochlorit in Kapitel 3.1.1.2.

Die Erhöhung der Temperatur führt, wie auch im vorhergehenden Versuchsplan, zu einem exponentiellen Anstieg der MLK.

In Abhängigkeit von der Zeit verläuft die Steigung der Keimreduktionsrate linear steigend, in Abhängigkeit von der Konzentration nimmt sie exponentiell ab. Dies steht in einem Widerspruch zu dem vorhergehenden Versuchsplan in Kapitel 5.1.4 zur Optimierung der Keimreduktion auf *Bacillus subtilis* mit dem Biotecon-Keim. Der Unterschied der Stämme und die verschiedene Aufbewahrungsart könnten zu diesen Differenzen in der Abtötungskinetik führen. Für die Reduktion des Merck-Keims scheint eine längere Einwirkzeit vorteilhaft zu sein, für den Biotecon-Keim eine Erhöhung der Desinfektionsmittelkonzentration.

Die wichtigste Erkenntnis liegt aber in dem nicht signifikanten Unterschied der Desinfektionswirkung von Anolyt und Hypochlorit. Beide haben die gleiche keimreduzierende Wirkung bei mittleren Faktoreinstellungen.

Mit bestimmten Einstellungen, dargestellt in Abbildung 5-28, ist ein Unterschied zwischen Anolyt und Hypochlorit zu erkennen:

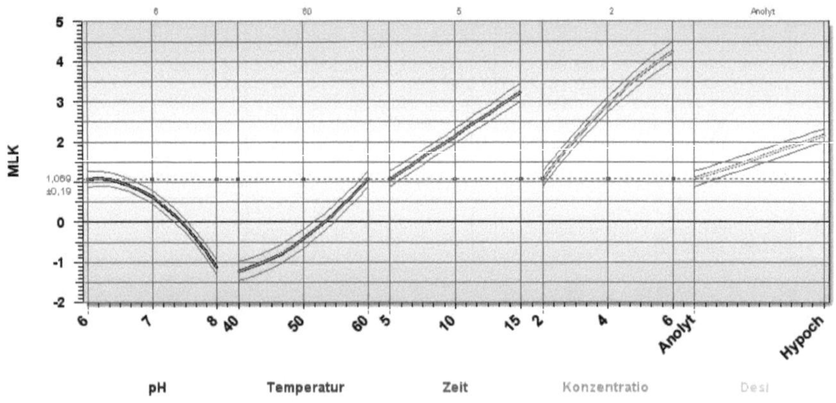

Abbildung 5-28 Faktoreinstellungen für signifikant bessere Wirksamkeit von Hypochlorit

Der pH-Wert ist in dem Programm Visual Xsel für diese Graphik auf 6 eingestellt, eine Verschiebung nach pH 7 oder pH 8 bewirkt lediglich einen Unterschied in den absoluten Keimreduktionsraten, hat jedoch keinen Einfluss auf den grundsätzlichen Verlauf der Kurven über den anderen Faktoren. Sind aber die Faktoren Einwirkzeit und Anolytkonzentration auf die Minimalwerte 2 ppm und 5 min festgesetzt und die Temperatur auf das Maximum von 60°C, so zeigt sich eine signifikant bessere Wirksamkeit des Hypochlorit im Vergleich zu der des Anolyt.

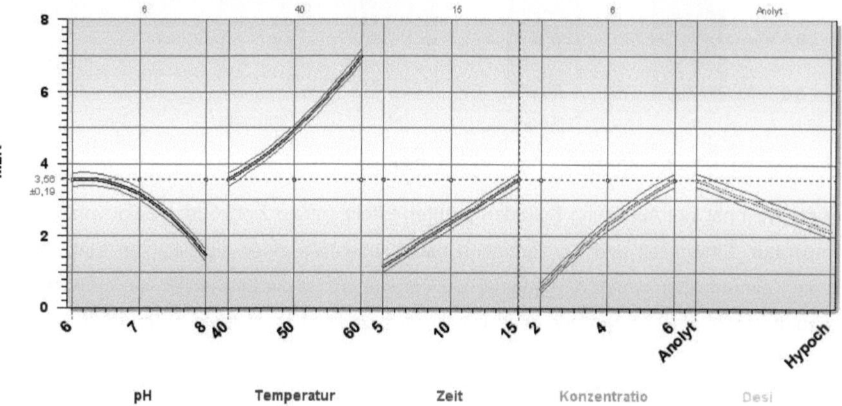

Abbildung 5-29 Faktoreinstellungen für signifikant bessere Wirksamkeit von Anolyt

Wird die Temperatur wie in Abbildung 5-29 auf das Minimum von 40°C, die Zeit und die Konzentration auf die Maximalwerte von 15 min und 6 ppm eingestellt, so zeigt sich eine signifikant bessere Wirkung des Anolyt gegenüber dem Hypochlorit. Eine Verschiebung des pH-Wertes hat hierbei wiederum keine Änderung der Kurvenverläufe zur Folge.

Mit speziellen Parametereinstellungen ist also ein Unterschied in der Wirksamkeit der getesteten Desinfektionsmittel erkennbar. Es ist nur fraglich, ob diese Faktorenstufen in der Praxis so umsetzbar sind, speziell im Hinblick auf die Einwirkzeit.

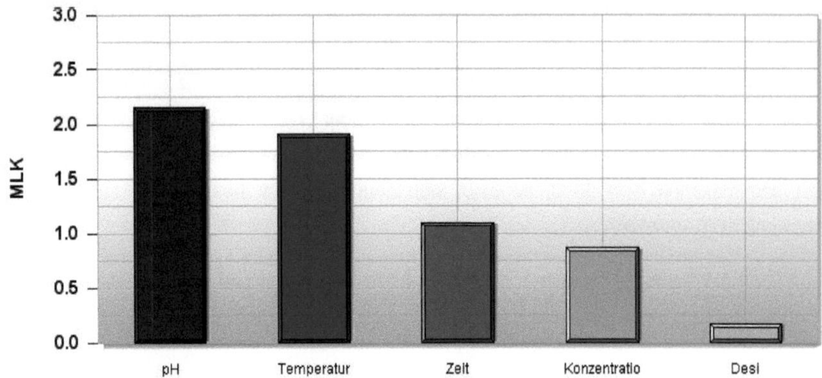

Abbildung 5-30 Absolute Effekte aus maximaler y-Differenz

Der pH-Wert hat laut Abbildung 5-30 den größten Effekt auf die Zielgröße, gefolgt von der Temperatur. Einwirkzeit und Konzentration haben ebenfalls einen signifikanten Einfluss auf die Keimreduktion. Unter den gegebenen Parametern ist die Einwirkzeit von größerer Bedeutung, wie bereits zuvor vermutet. Die Art des Desinfektionsmittels ist für den Effekt auf die Keimreduktion zu vernachlässigen.

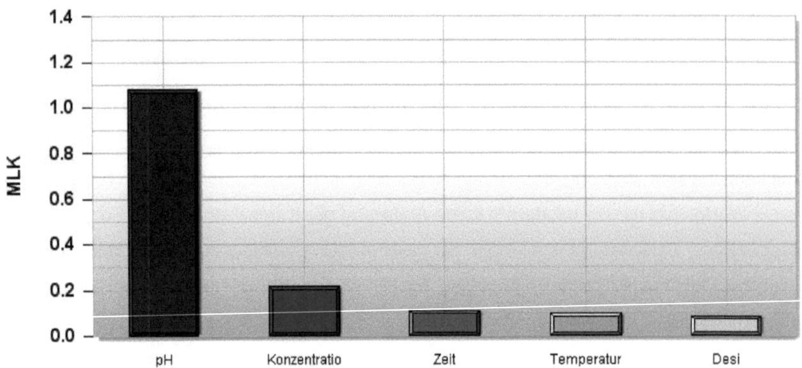

Abbildung 5-31 Absolute Effekte bezogen auf eine Faktoreinheit

Bezogen auf eine Faktoreinheit besitzt nach Abbildung 5-31 ebenfalls der pH-Wert den größten Effekt auf die Zielgröße. Eine Faktoreinheit entspricht beim pH-Wert 1, bei der Konzentration 1 ppm, bei der Zeit 1 Minute, bei der Temperatur 1 K und bei dem Desinfektionsmittel dem kategoriellen Faktor Hypochlorit bzw. Anolyt. Die Verschiebung des pH-Wertes um eine Faktorstufe hat eine Steigerung der Keimreduktion um über eine

Dekade zur Folge. Die übrigen Faktoren üben dem gegenüber einen untergeordneten Einfluss aus, was aber wiederum mit den unterschiedlichen absoluten Zahlen für die Faktoreinstellungen zu erklären ist. Es werden Unterschiede von 1 ppm Konzentration mit 1 min. Einwirkzeit und 1 K Temperaturerhöhung verglichen.

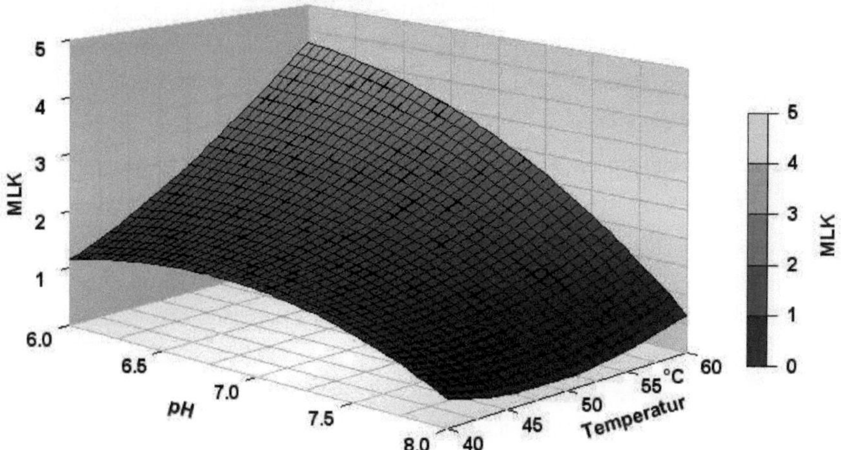

Abbildung 5-32 Wechselwirkung pH-Wert /Temperatur für Anolyt

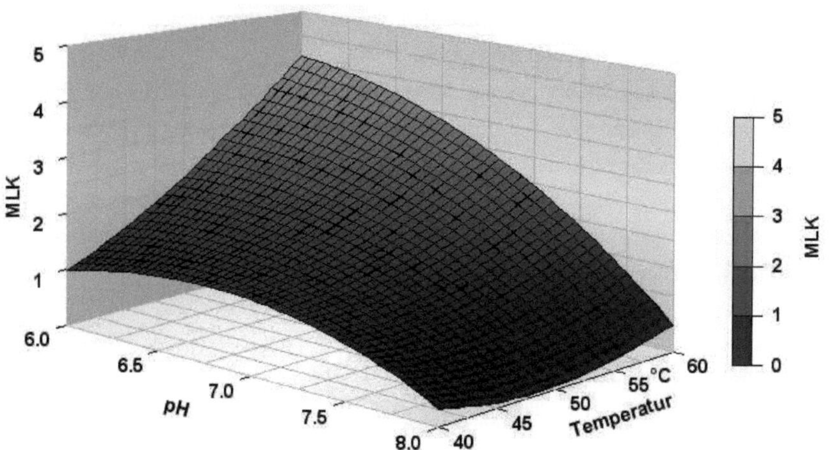

Abbildung 5-33 Wechselwirkung pH-Wert/Temperatur für Hypochlorit

Die Netzdiagramme der Wechselwirkung pH-Wert/Temperatur für Hypochlorit und Anolyt, dargestellt in den Abbildungen 5-32 und 5-33, sollten gemeinsam betrachtet werden. Für

die Faktoren Zeit und Konzentration gelten die mittleren Einstellungen. Die Wechselwirkungsbeziehung zwischen pH-Wert und Temperatur sind bei beiden Mitteln annähernd identisch. Gleiche Einstellungen führen zu fast gleichen Keimreduktionsraten.
Im Bereich von pH 8 ist mit Anhebung der Temperatur keine Steigerung der MLK zu erreichen. Erst mit Verschieben des pH-Werts in den neutralen bis sauren Bereich zeigt sich zunehmend der Einfluss der Temperatur. Die Synergieeffekte werden verstärkt und mittels der Temperaturerhöhung im Bereich pH 6 wird eine stete Verbesserung der Keimreduktionsrate erzielt.

5.1.6 Untersuchungen zur permanenten Desinfektion mittels Anolyt 2 an einer Praxisanlage

Bezüglich der praktischen Anwendungsmöglichkeiten wurden Untersuchungen zur Keimreduktion und Oberflächendesinfektion mit Anolyt an einer Praxisanlage durchgeführt. Die Anolytlösung wurde dabei an unterschiedlichen Stellen während der Abfüllung von Schorleprodukten eingesetzt:

- zum Rinsen der Flaschen,
- zum Besprühen der Verschlüsse
- zur dauerhaften Desinfektion der Anlagenoberflächen zwischen
- Füller- und Verschließerauslauf im Bereich der offenen Flaschenmündung

Die Desinfektionslösung hatte im laufenden Betrieb eine Konzentration von ~ 3 mg/L freiem Chlor und wurde kalt angewendet.
Im Bereich der Dauerbedüsung mit Anolyt wurden ATP-Proben und konventionelle Abstrichproben genommen. Die Prüfung mittels ATP-Test soll einen Hinweis auf organische Reste (Getränkereste, Mikroorganismen) geben. In der Praxis haben sich RLU > 50 als reinigungsbedürftig erwiesen. Die konventionellen Abstrichproben wurden mit Würzebouillon befüllt und für 3 Tage bei 28℃ bebrütet, um die Oberflächen auf Getränkeschädlinge zu untersuchen.

Tabelle 5-14 Ergebnis ATP-Proben

Probenahmestelle	RLU
Übergabesterne innen	24
Übergabesterne außen	28
Verschließer	31
Verschließer-Einlaufstern	33
Füller-Auslaufstern	34

Die ATP-Proben, im einzelnen aufgeführt in Tabelle 5-14, lagen alle im Bereich <50 RLU. Somit wurden organische Stoffe wie z.B. Schorlereste genügend abgetragen. Der Durchsatz der Düsen zur permanenten Desinfektion war somit als ausreichend zu beurteilen und das Anolyt konnte aufgrund geringer organischer Belastung auf den Anlagenoberflächen gut wirken. Dies zeigten auch die Ergebnisse der konventionellen Abstrichproben, die mehrmals in Bereichen der Dauerbedüsung und auch an angrenzenden Oberflächen entnommen wurden. Alle Proben waren ohne Befund, es konnte kein Wachstum von Mikroorganismen festgestellt werden.

Mittels Keimreduktionstests fand eine Überprüfung der Desinfektionsleistung des Anolyts statt. Hierzu wurden Flaschen sprühverkeimt, Kappen punktverkeimt und ebenfalls punktverkeimte Alustreifen an verschiedenen Stellen der Dauerbedüsung mit doppelseitigem Klebeband auf die Anlagenoberflächen angebracht.

Folgende Keimreduktionen waren festzustellen:

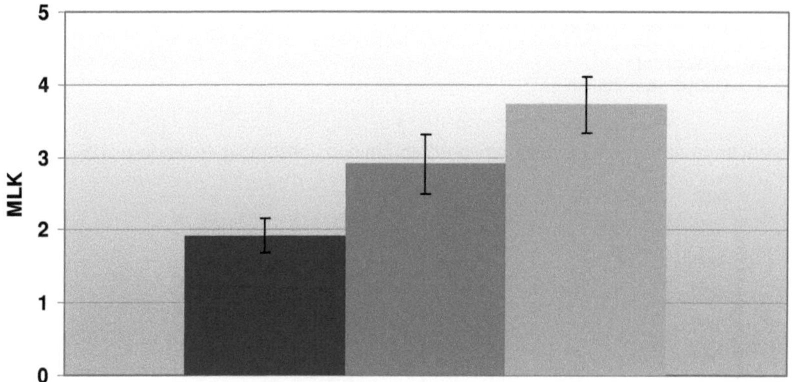

Abbildung 5-34 Keimreduktionstests Flaschen, Kappen und Alustreifen

Wie Abbildung 5-34 zu entnehmen ist, betrug die MLK bei den Flaschen 1,9 Zehnerpotenzen und lag somit nicht höher, als wenn die Flasche nur mit Wasser ausgespült worden wäre. Dies sind Erfahrungswerte aus Versuchen am Rinserteststand. Mit einer Rinszeit von insgesamt 3 Sekunden war die Einwirkzeit zu kurz für eine Desinfektionswirkung des Anolyt. Die wesentliche Keimreduktion kann auf ein mechanisches Ausspülen der Keime zurückgeführt werden. Die MLK der Kappen betrug 2,9 Zehnerpotenzen. Ein mechanischer Effekt der Keimabspülung war durch den geringen Druck der Besprühung weitgehend auszuschließend, deshalb war hier eine desinfizierende Wirkung des Anolyts festzustellen. Die Keimreduktion bei den Alustreifen betrug sogar 3,7 Zehnerpotenzen. Eine gute Desinfektion der Anlagenoberflächen war somit gewährleistet und die Gefahr einer Rekontamination durch anhaftende Keime als gering zu beurteilen.

5.2 Chemische Untersuchungen

5.2.1 Ascorbinsäureabnahme durch Anolyt 1

Die Ascorbinsäure bzw. das Vitamin C ist ein wichtiges, wasserlösliches Antioxidans. Es kommt in vielen Getränken, insbesondere in Fruchtsäften, natürlich vor bzw. wird den Produkten zugesetzt und ist für den menschlichen Organismus wichtig.
Es reagiert mit HOCl stöchiometrisch und kann einige durch HOCl ausgelöste Reaktionen, wie die Bildung von Chloraminen, unterbinden und rückgängig machen:

$$AH^- + HOCl \rightarrow A + Cl^- + H_2O$$

$$AH^- + RNHCl \rightarrow A + Cl^- + RNH_2$$

AH^- = Ascorbat
A = Dehydroascorbinsäure

Ascorbat kann außerdem die Bildung von Chloraminen vollständig verhindern [126].

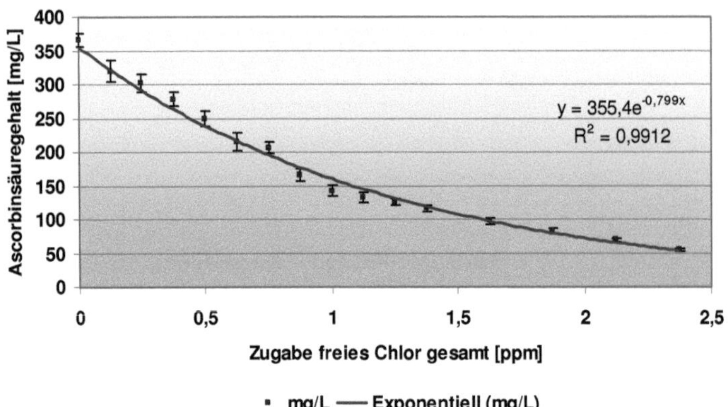

Abbildung 5-35 Ascorbinsäureabnahme durch Anolyt 1

Die Messung erfolgt mittels eines Farb-Tests. Hierbei wird [3-(4,5-Dimethylthiazolyl-2)-2,5-diphenyltetrazoliumbromid] (MTT) in Gegenwart des Elektronenüberträgers (5-Methylphenaziniummethosulfat) (PMS) zu einem Formazan reduziert. Zur spezifischen Bestimmung von L-Ascorbinsäure wird in einem Probeleerwert-Ansatz von diesen reduzierenden Substanzen nur der L-Ascorbat-Anteil der Probe durch Ascorbat-Oxidase in Gegenwart von Luftsauerstoff oxidativ entfernt. Das entstehende Dehydroascorbat reagiert nicht mit MTT/PMS [127].

Die Oxidation von Ascorbinsäure zu Dehydroascorbinsäure erfolgt über das Zwischenprodukt Semihydroascorbinsäure. Wie in Abbildung 5-35 dargestellt, nimmt der Gehalt an L-Ascorbinsäure mit der Zugabe von Anolyt exponentiell ab, der Gehalt an Ascorbat in der Lösung wird mit der Messung nicht berücksichtigt.

5.2.2 Konzentrationsabnahme von Anolyt 1 durch Zugabe von Apfelsaft und durch Zugabe von Bier

Organische Substanzen reagieren mit Desinfektionsmitteln und bewirken deren Abbau. Dies ist besonders bei der Desinfektion Produkt berührender Teile zu berücksichtigen, die vor dem Desinfektionsschritt einer gründlichen Reinigung unterzogen werden müssen. Nur dann können die Mittel ihre volle Wirkung entfalten. Daher war es von besonderem Interesse, wie sich Bier und Apfelsaft auf die Zehrung des Anolyts auswirken.

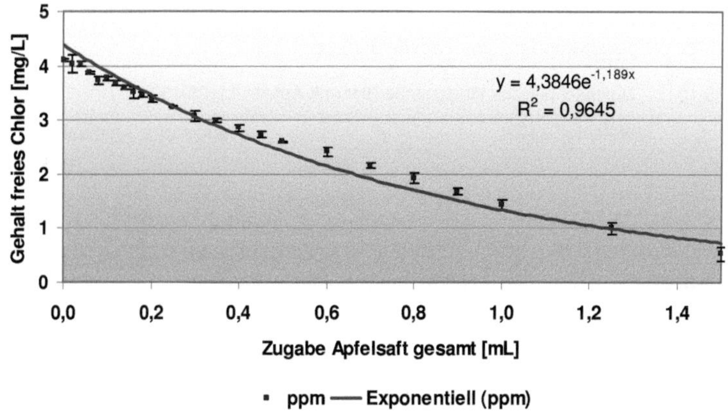

Abbildung 5-36 Konzentrationsabnahme Anolyt 1 durch Apfelsaft

Der Gehalt an freiem Chlor nahm durch die Zugabe von Apfelsaft exponentiell ab, was Abbildung 5-36 zu entnehmen ist. 1 mL Apfelsaft zehrten etwa 3 mg/L freies Chlor. Dies ließ sich anhand der Gleichung der Trendfunktion berechnen.

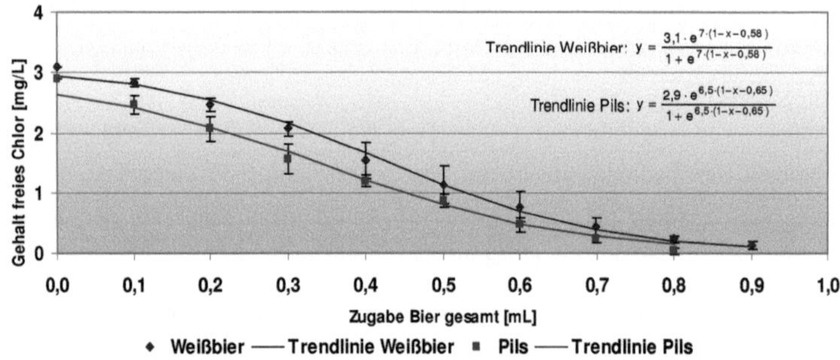

Abbildung 5-37 Konzentrationsabnahme Anolyt 1 durch Bier

Bei der Zugabe von Bier, sowohl bei Weißbier als auch bei Pils, folgt die Abnahme des freien Chlors einer sigmoiden Kurve. Nach Abbildung 5-37 zehrten 0,5 mL der jeweiligen Biersorte etwa 1,8 mg/L freies Chlor, was mit Hilfe der Gleichungen der Trendfunktionen berechnet werden konnte.

Im Vergleich zum Apfelsaft hat das Bier pro Volumen mehr Inhaltsstoffe, die mit dem freien Chlor reagieren können, was Tabelle 5-15 zeigt.

Tabelle 5-15 Durchschnittliche Inhaltsstoffe Bier und Apfelsaft [128-130]

Inhaltsstoffe Bier		Inhaltsstoffe Apfelsaft	
Wasser	92 %	Wasser	95 %
Alkohol	4,8-5,1%vol	Alkohol	< 3 g/L
Extrakt	39-41 g/kg	Extrakt (lösliche Trockensubstanz)	127 g/L
Kohlenhydrate	27-30 g/L	Kohlenhydrate	110 g/L
Proteine und Aminosäuren	4,3 g/L	Aminosäuren	< 8 mg/L
Mineralstoffe und Spurenelemente	1500-1700 mg/L	Mineralstoffe und Spurenelemente	2600 mg/L

Bier enthält etwa 92% Wasser, Apfelsaft 95%. Das Bier besitzt demnach mehr Substanzen, die einen Einfluss auf Desinfektionsmittel haben können. Dies zeigt sich auch in den CSB-Werten, die beim Bier 110 mg/mL und beim Apfelsaft 38 mg/mL betragen. Insbesondere der vergleichsweise hohe Gehalt an Proteinen und Aminosäuren im Bier ist für die schnelle Zehrung des Anolyts verantwortlich. Vornehmlich Proteine binden das Desinfektionsmittel und lassen es somit unwirksam werden.

5.2.3 Geschmacksschwellenwert von Anolyt 1 in Wasser, Apfelsaft und Bier

Die Geschmacksschwellenwerte von Anolyt wurden für Wasser (leicht karbonisiert), Apfelsaft und Bier (Pils) bestimmt. Dabei erfolgt eine Zugabe von Anolyt direkt ins Getränk. Die Konzentration wurde dabei stufenweise erhöht, um sich an den Schwellenwert heranzutasten. Die Verkostung erfolgte möglichst schnell nach Zugabe des Desinfektionsmittels, um mögliche flüchtige Geruchsstoffe zu erfassen.

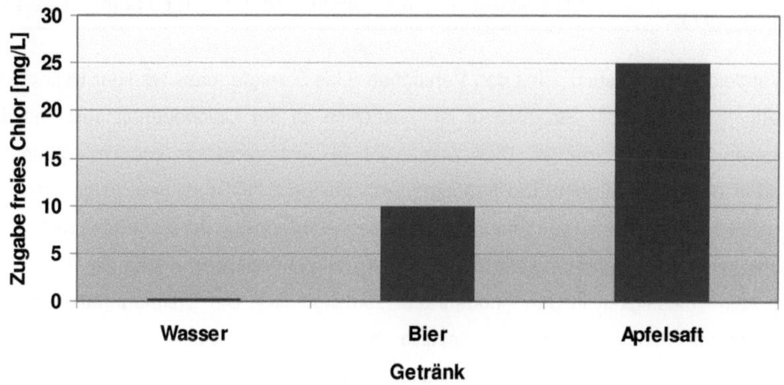

Abbildung 5-38 Geschmacksschwellenwerte

Mit einem Signifikanzniveau von 99% liegen die Geschmacksschwellenwerte für Wasser bei 0,25 mg/L freiem Chlor, für Bier bei 10 mg/L und für Apfelsaft bei 25 mg/L, zu entnehmen Abbildung 5-38. Bei Apfelsaft führt also erst die hundertfache Menge Anolyt zu einer Geschmacksbeeinträchtigung verglichen mit Wasser. Dass die Schwellenwerte von Bier und Apfelsaft weit höher liegen als von Wasser liegt an den Getränkeinhaltsstoffen, die zum Teil mit dem Anolyt reagieren und es aufzehren. Die Reaktionsprodukte scheinen zunächst keinen Einfluss auf die sensorischen Eigenschaften zu besitzen.

5.2.4 Vergleich unterschiedlicher Einstellungen einer Elektrolysezelle

Tabelle 5-16 zeigt die Parameter von Anolyt bei unterschiedlichen Einstellungen einer Elektrodiaphragmalysezelle im Labormaßstab. Die Stromstärke und der Durchfluss wurden variiert. Die Katholytflüssigkeit konnte in den Anodenraum zurückgeführt werden. Die Konzentration des Elektrolyts war konstant und betrug 2% NaCl reinst.

Tabelle 5-16 Parameter Anolyt bei unterschiedlicher Einstellung einer Elektrodiaphragmalysezelle

	Konzentration freies Chlor im Konzentrat	Art des Wassers für 2%ige NaCl-Lösung	pH	mA	mA/ HOCl	Chloridgehalt	HOCl/ Chlorid
1	400 ppm	Reinstwasser	6	5000	12,5	1222 ppm	0,33
2	330 ppm	Reinstwasser	2,2	4500	13,6	1246 ppm	0,26
3	300 ppm	Reinstwasser	6,9	4500	15	1256 ppm	0,24
4	320 ppm niedrige Flussrate	Stadtwasser	6	4500	14,1	1440 ppm	0,22
5	220 ppm hohe Flussrate	Stadtwasser	6,1	4500	18,2	1663 ppm	0,13

Der Vergleich von Versuch 1 mit den Versuchen 2 bis 5 zeigte, dass weniger Hypochlorit entsteht, je geringer die Stromstärke ist. Zusätzlich ist der Chloridgehalt aufgrund der geringeren Umsatzrate größer. Dies zeigte sich in dem Verhältnis von Hypochlorit zu Chlorid in der letzten Spalte. Die benötigten mA pro ppm HOCl steigen, je geringer die Stromstärke ist, aber auch je mehr Katholyt in den Anodenraum zurückgeführt wird. Wird Katholyt in den Anodenraum geleitet, so steigt der pH-Wert des Anolyt. In Versuch 2 wurde keine Flüssigkeit in den Anodenraum zurückgeleitet. Die Chloridgehalte bei den Versuchen mit Stadtwasser sind grundsätzlich höher, weil dieses bereits Chloride enthält. Versuch 5 zeigt eine verringerte Umsetzung von Chlorid zu Hypochlorit bei höherer Flussrate. Die beste Umsatzrate wird mit der höchsten Stromstärke (Versuch 1) erreicht.

5.2.5 Ausdampfkinetik des Anolyt

5.2.5.5Temperaturbeständigkeit Anolyt 1

Die Temperatur hat einen großen Einfluss auf die Stabilität chemischer Substanzen. Mit Anheben der Temperatur nimmt die Teilchen- und somit die Reaktionsgeschwindigkeit zu. Dies kann für die Beschleunigung von Keimreduktionsvorgängen mit chemischen Mitteln von Vorteil sein, führt aber auch zu einer schnelleren Abnahme der Konzentration wirksamer Substanzen in der Desinfektionslösung.

In diesem Zusammenhang sollte die Temperaturbeständigkeit einer Anolytlösung untersucht werden. Der Vorlagebehälter des Düsenteststands war mit einer Umwälzpumpe und einem Wärmetauscher ausgestattet, was ein Konstanthalten der Temperatur über die gesamte Versuchszeit ermöglichte. Der Behälter war, außer zur Probenahme, mit einem Deckel verschlossen, was Praxisbedingungen entspricht. Die Anolytlösung enthielt zu Beginn 3,8 mg/L freies Chlor, die Temperatur betrug 78℃.

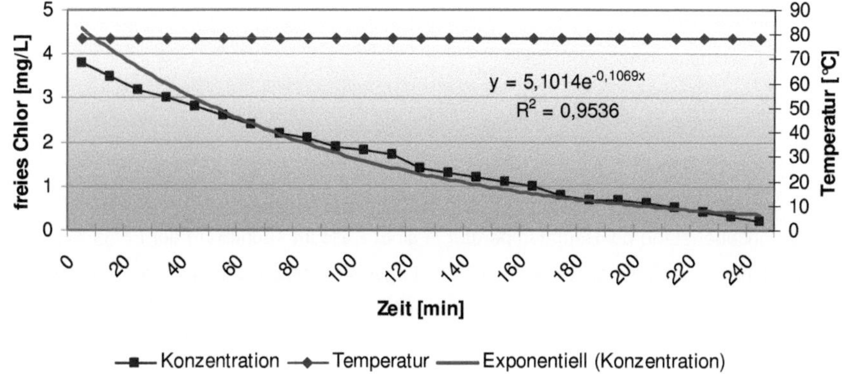

Abbildung 5-39 Ausdampfkinetik freies Chlor

Die Temperatur war über den Versuchszeitraum konstant. Der Gehalt an freiem Chlor nahm, wie in Abbildung 5-39 dargestellt, linear ab, in 35 Minuten wurden 0,5 mg/L abgebaut. Der Abbau hing mit einem Ausgasen des Chlors aufgrund des hohen Dampfdrucks bei der gegebenen Temperatur zusammen (für Wasser 355,1 Torr, bzw. 0,47 bar Überdruck bei 80°C [5, S. 69]). Für eine Praxisanwendung sollte nach etwa 30 Minuten ein Aufkonzentrieren des Anolyts erfolgen, um eine konstante Desinfektionsleistung sicher zu stellen.

5.2.5.6 Beständigkeit Anolyt 3 während Lagerung im IBC-Container

Die Zwischenlagerung des vor Ort hergestellten Anolyt erfolgt üblicherweise in IBC-Containern (IBC = Intermediate Bulk Container). Die Container bestehen aus HDPE, haben ein aus verzinkten Metallrohren verschweißtes Außengestell und fassen in der Regel 1000L, wodurch ein ausreichender Puffer gegeben ist. Es befindet sich eine Schraubdeckelöffnung auf der Oberseite des Containers und eine Auslaufarmatur im Bodenbereich.

Ein solcher Container wurde mit frisch hergestelltem Anolyt 3 mittels eines Schlauches über die obere Öffnung befüllt, anschließend begann die Aufnahme folgender Werte in bestimmten Zeitabständen, welche den Abbildungen 5-40, 5-41 und 5-42 zu entnehmen sind:

- Temperatur in der Flüssigkeit
- Redoxpotential

- pH-Wert
- freies Chlor
- Desinfektionsnebenprodukte
    - Bromid
    - Chlorit
    - Chlorat
    - Perchlorat

Der Container stand bei Raumtemperatur in einer Halle im Technikum der Firma KHS und war dem Tageslicht ausgesetzt. Diese Lagerform entspricht der in den meisten Getränkebetrieben. Die Konzentratprobe wurde mittels eines an einem Stab befestigten Becherglases aus der oberen Öffnung des Containers entnommen.

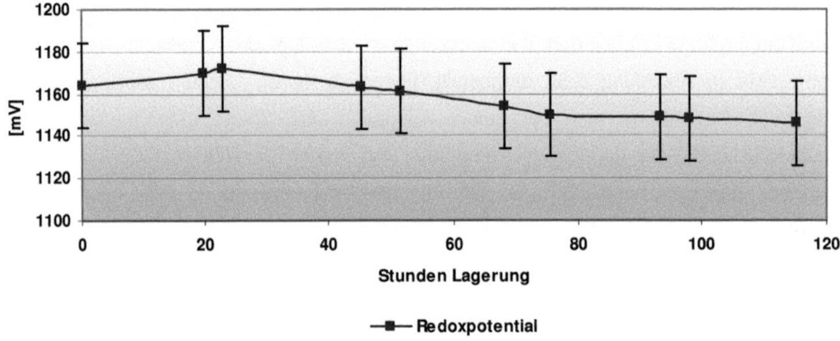

Abbildung 5-40 Redoxpotential über Lagerzeit

Das Redoxpotential lag zwischen 1145-1170 mV. Auch wenn optisch die Kurve leicht abnehmend erscheint, bewegen sich die Werte im Schwankungsbereich von ± 20 mV, was in der Fehlertoleranz der Messung liegt. Die Sonde kann keine höhere Auflösung erreichen, somit ist das Redoxpotential als stabil zu beurteilen.

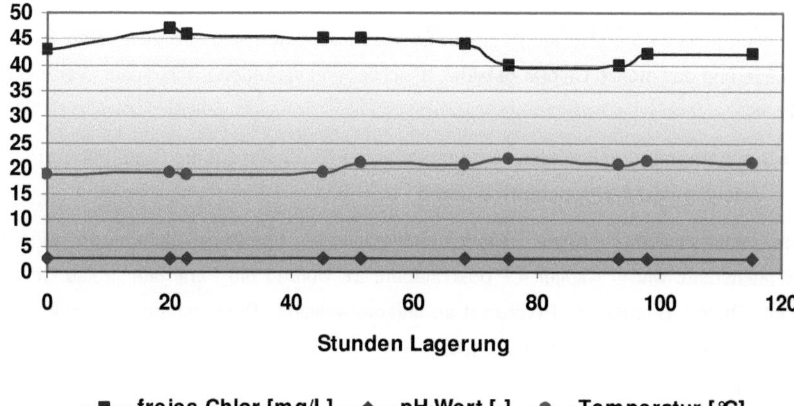

Abbildung 5-41 Freies Chlor, pH-Wert und Temperatur über Lagerzeit

Die Temperatur bewegte sich um 20°C ± 1,5°C, der pH-Wert lag konstant bei einem Wert von 2,45. Der Gehalt an freiem Chlor differiert um 43 mg/L ± 3. Die Probe musste für die Messung 1:10 verdünnt werden, um im erforderlichen Messbereich zu liegen. Mittels der Probenentnahme und der zeitverzögerten Messungen konnten weitere Schwankungen auftreten. Insgesamt ist der Gehalt an freiem Chlor als konstant zu beurteilen, zumal die Kurve keinen Trend aufzeigt.

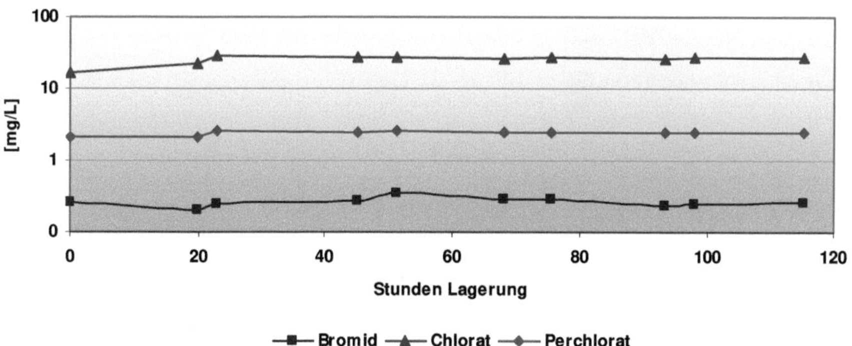

Abbildung 5-42 Bromid-, Chlorat- und Perchloratgehalte über Lagerzeit

Der Bromidgehalt betrug durchschnittlich 0,25 mg/L, der Perchloratgehalt 2,5 mg/L. Diese Werte blieben über die Lagerzeit unverändert. Der Chloratgehalt lag zu Beginn bei

17 mg/L und stieg nach 20 Stunden auf 22,5 mg/L. Anschließend stabilisierte sich der Wert nach etwa 24 Stunden auf 27 mg/L. Es wurde demnach im Laufe des ersten Tages der Lagerung das meiste Chlorat gebildet, anschließend veränderte sich dieser Wert nicht mehr.

5.2.6 Bestimmung physikalischer und chemischer Einflüsse auf die Stabilität von Anolyt 1 und 4, Hypochlorit a und b

Diese Untersuchung erfolgte mittels kontaminierter Edelstahlplättchen an einem Düsenteststand, wie in Kapitel 4.7 beschrieben. Es wurden die Parameter freies Chlor, Chlorit, Chlorat, Bromid und Perchlorat an unterschiedlichen Probenahmestellen von vier verschiedenen Desinfektionsmitteln erfasst:

- Anolyt 1
- Anolyt 4
- Hypochlorit a, seit etwa drei Monaten gelagert, Fa. Carl Roth GmbH & Co. KG, Artikel-Nr. 9062.4
- Hypochlorit b, frisch hergestellt

Der Gehalt an freiem Chlor im Vorlagebehälter beträgt für alle Desinfektionsmittel 3,6 mg/L, der Gehalt von Anolyt 4 wich mit 3,4 mg/L gering ab.

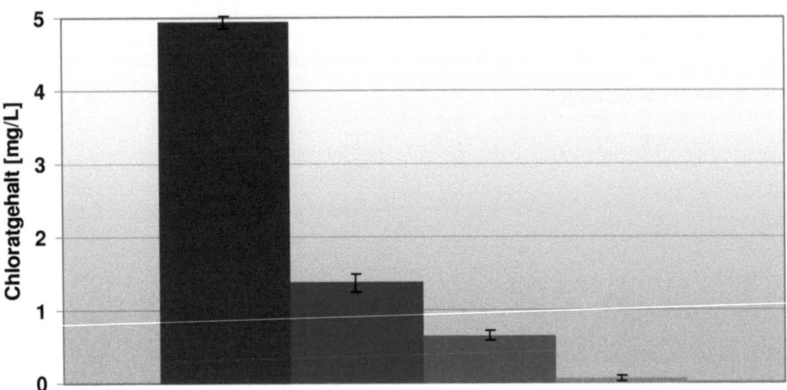

Abbildung 5-43 Chloratgehalt in der Ausgangslösung (Vorlagebehälter)

Wie in Abbildung 5-43 dargestellt, führte die Lagerung des Hypochlorit a über einen Zeitraum von drei Monaten zu einem Chloratgehalt von annähernd 5 mg/L in der Anwendungslösung, welche 3,6 mg/L freies Chlor enthält. In Relation zum Grenzwert von

0,7 mg/L im Trinkwasser ist dieser Wert als außerordentlich hoch zu beurteilen. Der Chloratgehalt des frisch hergestellten Hypochlorits lag mit 1,4 mg/L weitaus niedriger, war aber im Vergleich zu dem Gehalt der Anolytlösungen immer noch beträchtlich. Das Anolyt 4 entsprach der in Kapitel 5.2.4 aufgeführten Lösung aus Versuch 1. Mit einer Stromstärke von 5000 mA erfolgte demnach nicht nur eine besonders gute Umsetzung des Elektrolyten zu freiem Chlor, sondern zusätzlich wurde die Chloratbildung minimiert. Der Chloratgehalt dieser Lösung betrug mit 0,06 mg/L, ein Zehntel verglichen mit der Anolytlösung 1, welche 0,65 mg/L Chlorat enthielt.

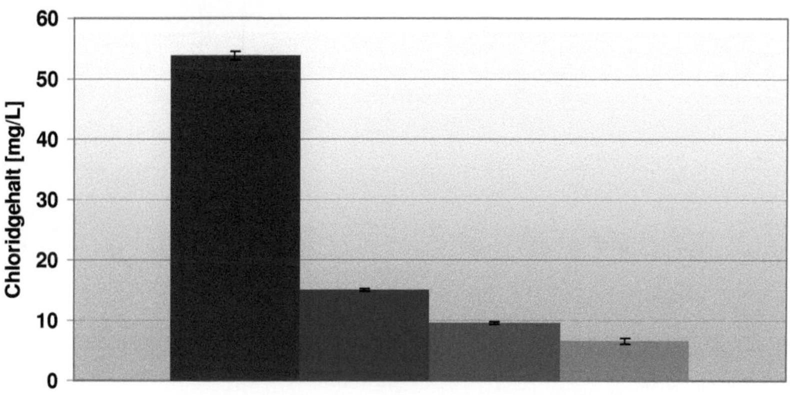

Abbildung 5-44 Chloridgehalt in der Ausgangslösung (Vorlagebehälter)

Die Chloridgehalte der Hypochloritlösungen waren im Vergleich zu denen der Anolytlösungen geringer, was in Abbildung 5-44 verdeutlich wird. Dies ist auf Unterschiede in der Herstellung zurückzuführen: der Elektrolyt einer konventionellen Hypochloritanlage wird im Kreislauf durch die Anodenkammer gefahren, wodurch eine maximale Umsetzung des Chlorids zu freiem Chlor erfolgt. Die Anolytlösungen werden nicht im „Batch"-Verfahren hergestellt sondern im Durchfluss. Es kann lediglich zur Neutralisation des pH-Werts ein Teil der Katholytlösung in den Anodenraum zurückgeführt werden. Dies hat geringere Umsatzraten des Elektrolyts zur Folge und somit einen höheren Rest-Chloridgehalt. Die Zelle von Anolyt 1 wurde mit 0,45%iger NaCl-Lösung gespeist, die Zelle von Anolyt 4 mit 2%iger. Es ist anhand der Restchloridwerte davon auszugehen, dass die Zelle von Anolyt 1 eine geringere Konversion als die Zelle von Anolyt 4 aufwies. Der Restgehalt von Anolyt 1 war mit 54 mg/L 3,5 mal so hoch wie der von Anolyt 4 mit 15mg/L.

Die Gehalte an Chlorit, Bromid und Perchlorat in den Anwendungslösungen lagen an sämtlichen Probenahmestellen unterhalb der Nachweisgrenze von 0,01 mg/L und können deshalb nicht dargestellt werden. Aufgrund der geringen Konzentration sind sie aber als nicht kritisch zu beurteilen.

Nachfolgend sind die Einflüsse der Faktoren auf die Zielgrößen Chlorat und freies Chlor aufgeführt.

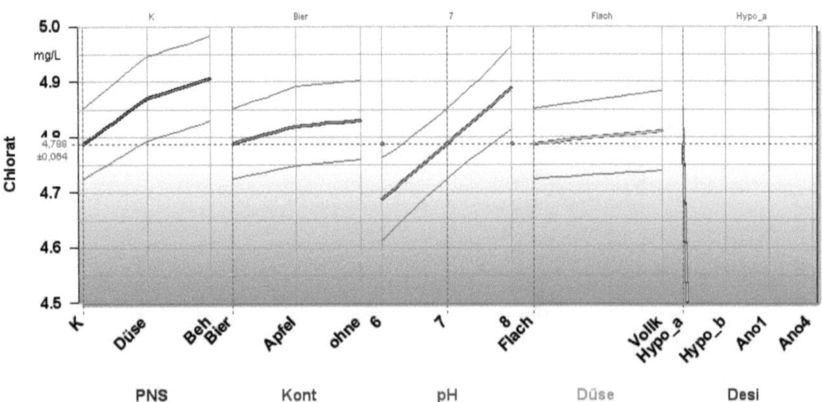

PNS = Probenahmestelle

Kont = Kontamination

K = Probenahme nach Kontakt mit Metallplättchen

Beh = Behälter

Vollk = Vollkegeldüse

Abbildung 5-45 Chloratgehalt in Abhängigkeit unterschiedlicher Bedingungen

Dargestellt in Abbildung 5-45 ist der Chloratgehalt des Hypochlorit a in Abhängigkeit der Einflussfaktoren. Die Absolutwerte der anderen Mittel unterscheiden sich, zu entnehmen aus Abbildung 5-43, der Verlauf der Werte ist jedoch vergleichbar. Somit ist diese Darstellung exemplarisch für alle untersuchten Desinfektionsmittel geeignet.

Die Kontaminations- und die Düsenart haben keinen Einfluss auf den Chloratgehalt der Lösungen. Auf dem Weg der Desinfektionslösung vom Vorlagebehälter über die Düse bis nach Kontakt mit dem Metallplättchen wird der Chloratgehalt scheinbar etwas geringer. Mit Betrachtung der Standardabweichung ergibt sich auch hier kein Unterschied.

Der Chloratgehalt in Abhängigkeit vom pH-Wert ist in Abbildung 5-46 noch gesondert aufgeführt:

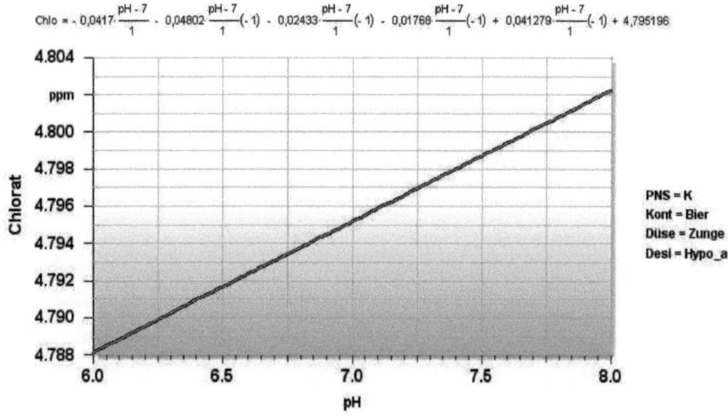

Abbildung 5-46 Chloratgehalt in Abhängigkeit vom pH-Wert

Der Wert 4,79 mg/L bei pH 6 und der Wert 4,8 mg/L bei pH 8 weisen eine Differenz von nur 0,01 mg/L auf und liegen somit unter der Bestimmungsgrenze von 0,02 mg/L. Deshalb wirkt sich auch dieser Faktor nicht signifikant auf den Chloratgehalt der Desinfektionslösungen aus.

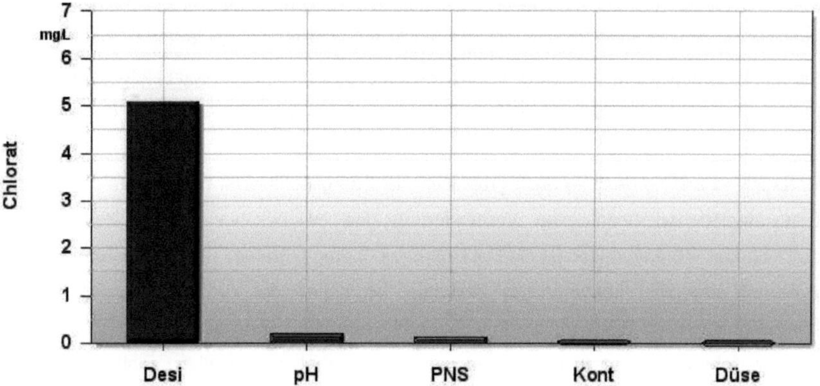

Abbildung 5-47 Absolute Effekte Chlorat

Abbildung 5-47 zeigt den großen Einfluss der Art des Desinfektionsmittels auf den Chloratgehalt der Lösung. Die physikalischen und chemischen Faktoren haben keinen Einfluss auf diesen Wert.

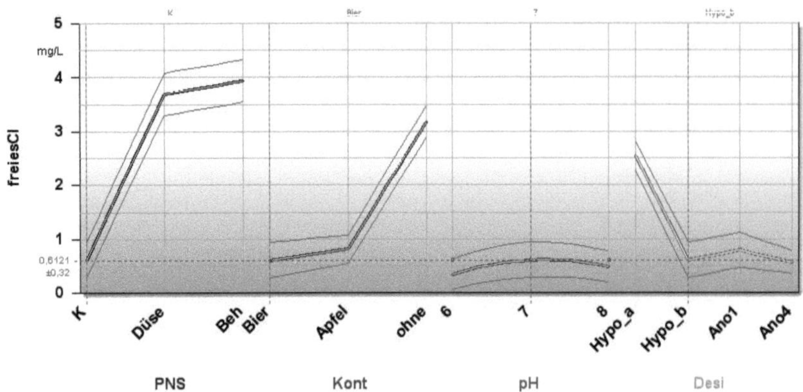

Abbildung 5-48 Gehalt freies Chlor Hypo_b, Anolyt 1 und Anolyt 4

Die Änderung des Gehalts an freiem Chlor in Abhängigkeit der Faktoren zeigt für alle Mittel den gleichen Verlauf und ist in Abbildung 5-48 für Hypochlorit b exemplarisch dargestellt. Die absolute Zehrung ist für die Mittel Hypochlorit b und die beiden Anolyte ebenfalls sehr ähnlich, deshalb werden diese gemeinsam betrachtet. Auf den Gehalt an freiem Chlor hat der pH-Wert keinen Einfluss. Mit Verschiebung des pH-Werts werden lediglich die Anteile an HOCl und OCl^- in der Lösung verändert. Da aber beide Substanzen mit der Messung von freiem Chlor erfasst werden, resultiert hieraus kein Unterschied. Auf dem kurzen Weg vom Vorlagebehälter zur Düse und durch die Scherkraft der Düse selbst erfolgt kein Abbau des freien Chlors. Die Art der Düse führt ebenfalls zu keinem Unterschied und ist deshalb auch graphisch nicht dargestellt. Erst nach Kontakt mit dem Edelstahlplättchen findet eine Verminderung des freien Chlor-Gehalts statt. Ohne aufgebrachte Kontamination ist die Reduktion mit 0,2 mg/L gering. Trifft die Lösung auf mit Apfelsaft oder Bier kontaminierte Plättchen, so nimmt der Gehalt an freiem Chlor durchschnittlich um 2,5 mg/L ab. Die Desinfektionslösung wird also auf ein Viertel der ursprünglichen Konzentration reduziert, was einen erheblich negativen Einfluss auf die Desinfektionsleistung bedeutet.

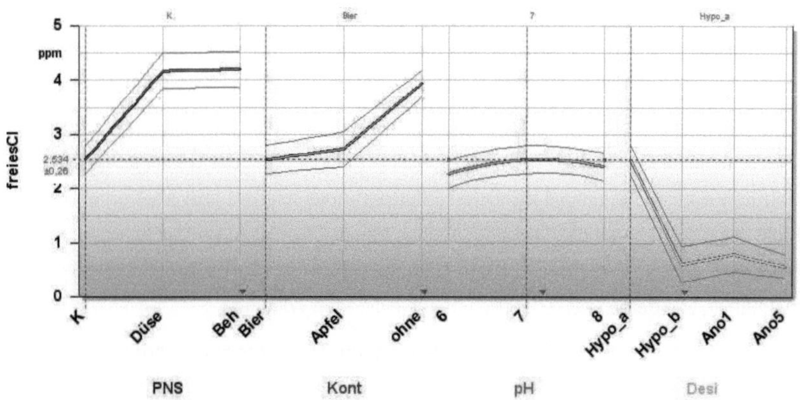

Abbildung 5-49 Gehalt freies Chlor Hypo_a

Der Verlauf des freien Chlor-Gehalts für Hypochlorit a ist in Abhängigkeit der Faktoren vergleichbar mit dem der anderen Desinfektionslösungen, jedoch unterscheidet sich die absolute Zehrung: das Hypochlorit a erweist sich als wesentlich stabiler. Der Verlust an freiem Chlor nach Kontakt mit den kontaminierten Edelstahlplättchen beträgt 0,8 mg/L. Die Lösung enthält somit noch 2,8 mg/L freies Chlor und kann noch ausreichend desinfizierend wirken.

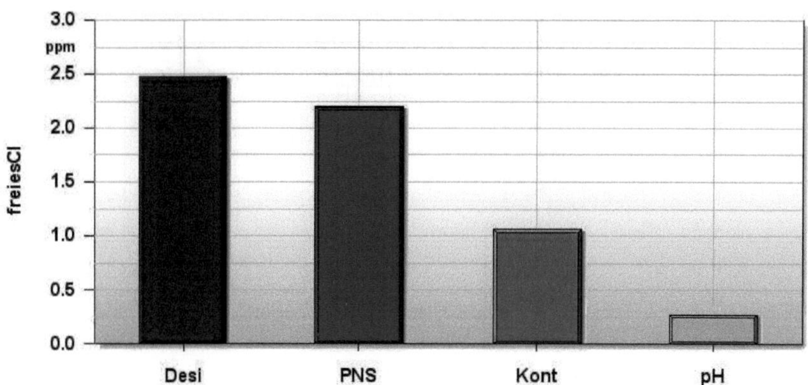

Abbildung 5-50 Absolute Effekte freies Chlor

Mittels der in Abbildung 5-50 aufgeführten absoluten Effekte wird deutlich, dass die Art des Desinfektionsmittels den größten Einfluss auf den Gehalt des freien Chlors hat. Dies liegt darin begründet, dass das Hypochlorit a sich in diesem Versuch als wesentlich stabiler im

Vergleich zu den anderen getesteten Desinfektionslösungen erwies. Die Probenahmestelle hat den zweitgrößten Effekt auf die Zielgröße, was mit der großen Abnahme nach Kontakt mit den kontaminierten Edelstahlplättchen zusammen hängt. Die Art der Kontamination liegt in der Rangfolge an dritter Stelle. Der Unterschied zwischen einer Kontamination mit Apfelsaft oder Bier ist nicht signifikant, der Gehalt an freiem Chlor nach Kontakt mit den unkontaminierten Plättchen unterscheidet sich aber erheblich. Der Effekt des pH-Werts auf den Gesamtgehalt an freiem Chlor ist zu vernachlässigen. Es wird sowohl die undissoziierte hypochlorige Säure als auch der dissoziierte Anteil gemessen, unabhängig von deren unterschiedlichen entkeimenden Wirkung.

5.3 Kostenvergleich zur Vor-Ort-Herstellung von Hypochlorit und Anolyt

Der Kostenvergleich bezieht sich auf die Herstellung hypochloriger Säure als desinfizierend wirkende Substanz. Außer Acht gelassen wurde der wissenschaftlich strittige Punkt, dass im Anolyt neben der hypochlorigen Säure noch andere desinfizierend wirkende Substanzen entstehen, die zu einem besseren Desinfektionserfolg als mit konventioneller Hypochloritlösung führen sollen.

Die Daten basieren auf den Angaben eines Herstellers für konventionelle Hypochlorit-Anlagen und eines Herstellers für Anolyt-Anlagen. Verglichen werden die Anlagen mit den jeweils kleinsten Leistungsbereichen, welche in Bezug auf die Anschaffungs- und Wartungskosten ähnlich sind. Die Werte hierfür sind Tabelle 5-17 zu entnehmen.

Tabelle 5-17 Vergleich der Anschaffungs- und Wartungskosten

	Anschaffungskosten	Wartungskosten/Jahr	Betriebsdauer der Zelle
Hypochlorit-Anlage	15.000 €	1.000 €	2-4 Jahre
Anolyt-Anlage	16.000 €	1.400 €	keine Angabe

Wie bereits in Kapitel 5.2.6 beschrieben, unterscheidet sich die Herstellung der hypochlorigen Säure einer Hypochlorit-Anlage von der einer Anolyt-Anlage: die Hypochlorit-Anlage erzeugt die HOCl-Lösung im Batch-Verfahren, die Anolyt-Anlage in einem kontinuierlichen Durchfluss. Aufgrund dessen unterscheiden sich auch die Umsatzraten des Elektrolyten zu freiem Chlor, was sich in den Leistungs- und Verbrauchsdaten der beiden Anlagen, gegenübergestellt in Tabelle 5-18, deutlich zeigt:

Tabelle 5-18 Leistungs- und Verbrauchsdaten

	g HOCl/h	kg Salz/kg HOCl	L Wasser/kg HOCl	kW Strom/kg HOCl
Hypochlorit-Anlage	50	3	68	36,5
Anolyt-Anlage	0,835	24	5500	250

Die Hypochloritanlage produziert pro Stunde etwa 60-mal so viel unterchlorige Säure wie die Anolyt-Anlage. Pro hergestelltem kg HOCl verbraucht die Anolyt-Anlage das Achtfache an Salz, somit ist deren Konversion wesentlich geringer. Der höhere Wasserverbrauch der Anolyt-Anlage für ein kg Hypochlorit liegt in der geringeren Endkonzentration der Anolytlösung im Gegensatz zu der Hypochloritlösung begründet. Der Stromverbrauch der Anolyt-Anlage beträgt etwa das Siebenfache der Hypochlorit-Anlage pro kg HOCl.

Nimmt man die Preise von 4 €/m³ Wasser, 0,25 €/kg Salz und 0,15 €/kW Strom an, so ergibt sich der in Tabelle 5-19 dargestellte Preisunterschied für die Herstellung von 1 kg HOCl beim Vergleich der beiden Anlagen:

Tabelle 5-19 Kostenvergleich Herstellung pro kg HOCl

	Kosten Salz	**Kosten Wasser**	**Kosten Strom**	**Kosten gesamt**
Hypochlorit-Anlage	0,75 €	0,272 €	5,47 €	6,49 €
Anolyt-Anlage	6 €	22 €	37,5 €	65,5 €

Die Kosten zur Erzeugung von 1 kg Hypochlorit sind mit der Anolyt-Anlage 10-mal höher verglichen mit der Hypochlorit-Anlage. Im Preisvergleich pro kg desinfizierend wirksame Substanz liegt der Vorteil also deutlich bei der konventionellen Hypochlorit-Anlage. Auch der Chloridgehalt im Konzentrat ist aufgrund der optimierten Umsatzrate des Elektrolyts geringer und somit ist der Einsatz dieses Mittels schonender, insbesondere bei korrosionsanfälligen Materialien. Allerdings entsteht mit dieser Herstellung auch mehr Chlorat, wie im vorigen Kapitel beschrieben. Im Hinblick auf die gesundheitliche Unbedenklichkeit ist das Konzentrat der Anolyt-Anlage also besser geeignet.

6 Diskussion

6.1 Mikrobiologische Untersuchungen

Die breit gefächerte mikrobiologische Wirksamkeit von Anolyt konnte in verschiedenen Untersuchungen nachgewiesen werden. Eine Optimierung der Keimreduktion auf Sporen von *Bacillus subtilis* zeigt eine deutlich bessere Wirkung im sauren pH-Bereich, besonders markant ist hier die Steigerung der Abtötungsrate von pH 7 auf pH 6 um eine Logarithmusstufe. Im sauren Bereich liegt die hypochlorige Säure undissoziiert vor und ist in dieser Form mikrobiologisch am wirksamsten. Das im neutralen bis alkalischen Bereich entstehende Hypochlorit-Ion hat dagegen kaum noch desinfizierende Wirkung. Im pH-Bereich von 6 bis 8 unterscheidet sich der Prozentanteil an undissoziierter Säure erheblich: während im alkalischen Bereich lediglich 25% undissoziiert vorliegen, sind es bei pH 6 nahezu 100%. Durch eine Erniedrigung des pH-Werts von 8 auf 6 kann also eine erhebliche Steigerung der Keimreduktionsrate erreicht werden. Die Verschiebung des pH-Wertes in Richtung niedrigerer Werte bringt keine weitere Erhöhung der MLK, was in Abbildung 5-14 dargestellt ist. Eine Ausnahme scheint lediglich der pH-Bereich 3 zu bilden, da dort die desinfizierende Wirkung von Anolyt noch einmal leicht verbessert scheint.

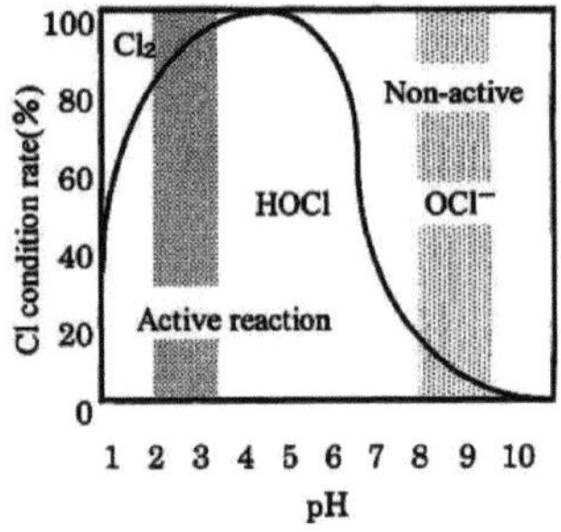

Abbildung 6-1 Prozentualer Anteil Chlorverbindungen [37]

Wie in Abbildung 6-1 dargestellt, zerfällt zwischen pH 3 und pH 4 die hypochlorige Säure schnell, wobei es zu einer Ausgasung von Chlor kommt. Der schnelle Zerfall der freien hypochlorigen Säure führt infolge der vermehrten Freisetzung von Chlorgas zu einer besonders starken Oxidationswirkung, womit eine höhere Keimreduktion einhergeht. Darüber hinaus beeinflussen niedrige pH-Werte zudem die Permeabilität der Zellwand [67], was zu einer deutlich besseren Penetration der hypochlorigen Säure durch die Zellmembran führt.

Positiv in Bezug auf die Keimreduktion wirken sich ein Anheben der Temperatur und der Konzentration aus. Beide Faktoren führen zu einer besseren Keimreduktion, was aus Abbildung 5-22 deutlich hervorgeht. Die Reaktionsgeschwindigkeit $\varphi_{\rightarrow}$ eines chemischen Vorganges hängt bekanntlich von der Anzahl der Zusammenstöße der Moleküle pro Zeiteinheit ab. Diese kann durch ein Anheben der Konzentration der oder des einzelnen Reaktionspartner(s) erhöht werden.

$$\varphi_{\rightarrow} = k_{\rightarrow} \cdot c_{AB} \cdot c_{CD}$$

c_{AB} = Konzentration der Stoffe A und B
c_{CD} = Konzentration der Stoffe C und D

Eine Erhöhung der Anolytkonzentration steigert daher die Keimreduktionsrate. Allerdings sollte diesem Faktor aufgrund der korrosiven Eigenschaften des freien Chlors und der Chloride im Anolyt besondere Beachtung entgegengebracht werden. Bereits Konzentrationen von 8 ppm freiem Chlor zeigen sich in der Praxis als kritisch bezüglich der korrosiven Eigenschaften, so dass dieser Wert nicht überschritten werden sollte.

Die in obiger Gleichung vorkommende Konstante $k_{\rightarrow}$ bezeichnet man als Geschwindigkeitskonstante. Durch sie wird die Geschwindigkeit der Reaktion in Abhängigkeit der Konzentration der reagierenden Stoffe dargestellt und hat für jeden chemischen Vorgang bei gegebener Temperatur einen konstanten Wert. Die Konstante nimmt mit steigender Temperatur zu, da sich die Molekulargeschwindigkeit und somit die Anzahl der Zusammenstöße erhöht. Die van't Hoffsche-Regel besagt, dass eine Anhebung der Reaktionstemperatur um 10° zu einer Steigerung der Reaktionsgeschwindigkeit um das Zwei- bis Vierfache führt. Dies beruht aber weniger auf einer Zunahme der Stoßzahl, als auf einer Zunahme der Zahl energiereicher Teilchen [5, S.185]. Somit wird die Keimreduktion mittels Erhöhung der Medientemperatur gesteigert, auch wenn die Desinfektionsmittelkonzentration konstant bleibt. Dieser Effekt konnte mit den in Abbildung 5-14 dargestellten Ergebnissen belegt werden.

Eine Temperaturerhöhung hat einen größeren Effekt auf die Reduktion von Sporen als eine Konzentrationserhöhung des Anolyt, was Abbildung 5-20 zu entnehmen ist. Die ausgeprägte Resistenz der Sporen gegenüber Desinfektionsmitteln liegt in der verstärkten Impermeabilität der Sporenhülle im Vergleich zu vitalen Zellen [131]. Die Mittel können die Cortex schlechter durchdringen und sind deshalb weniger effektiv [46]. Durch eine Temperaturerhöhung kann die Permeabilität gesteigert werden, dadurch kann das Anolyt die Hülle leichter passieren, was wiederum die Keimreduktionsrate erhöht. Signifikant tritt diese Wirkung ab einer Temperatur von 40-45 °C auf, wie es in Abbildung 5-23 verdeutlicht wird. Mit diesem Wert nimmt der Temperatureinfluss auf die Sporenreduktion exponentiell zu, des Weiteren wirkt sich erst dann ein verlängerter Kontakt mit dem Desinfektionsmittel positiv auf die Entkeimungsrate aus.

Bis zu einer Einwirkzeit von 5 Minuten und einer Temperatur von 50°C und 6 ppm freiem Chlor steigt die Keimreduktion linear an (Abbildung 5-17). Je länger der Kontakt mit dem Desinfektionsmittel ist, desto höher wird die Keimreduktion. Das Optimum der Keimreduktion wurde bei 8,5 Minuten ermittelt, dargestellt in Abbildung 5-19. Die Ursache könnte sich folgendermaßen erklären lassen:

Die Reaktionsgeschwindigkeit $\varphi_{\rightarrow}$ ist im Unterschied zur Geschwindigkeitskonstante $k_{\rightarrow}$ bei gegebener Temperatur keine konstante Größe. Sie hängt von der Konzentration der Ausgangsstoffe ab und nimmt daher nach Einsetzen der chemischen Reaktion in dem Maß stetig ab, in dem die Konzentration der Stoffe infolge der Umsetzung kleiner wird.

$$\varphi_{max} = k_{max} \cdot c_{AB} \cdot c_{CD}$$

Φ_{max} = maximale Reaktionsgeschwindigkeit
k_{max} = maximale Geschwindigkeitskonstante

Unter Berücksichtigung, dass nicht alle Zusammenstöße zu einer Reaktion führen, da nur die Moleküle reagieren, deren kinetische Energie die Aktivierungsenergie A überschreitet, berechnet sich die Geschwindigkeitskonstante nach Arrhenius folgendermaßen:

$$k_{\rightarrow} = k_{max} \cdot e^{-A/RT}$$

A = Aktivierungsenergie
R = allgemeine Gaskonstante
T = Temperatur

Die Geschwindigkeitskonstante ist somit im Allgemeinen um viele Zehnerpotenzen kleiner als der maximal zu erwartende Wert k_{max}. Chemische Reaktionen laufen folglich in endlicher Zeit ab, wie allgemein bekannt. Dies erklärt die Lage des Optimums der Einwirkzeit bei 8,5 Minuten anstatt bei der maximalen Zeit von 9 Minuten. Zumindest für die niedrigen Faktoreinstellungen der Konzentration scheint das Desinfektionsmittel ab diesem Zeitpunkt so weit aufgebraucht zu sein, dass keine weitere Desinfektionswirkung auf die Sporen gegeben ist. Es ist zu bemerken, dass die Lage des Optimums nur 30 Sekunden von dem Maximum abweicht. Es könnte demnach auch an den Randbedingungen des Versuchs gelegen haben, dass die Software zu dieser Auswertung kommt.

Die Wirksamkeit auf vegetative Keime ist bereits mit kalter Anwendung des Mittels gut. Bei einer Konzentration von 4 ppm HOCl und pH 6 wird innerhalb von 2,5 Minuten eine Keimreduktion um 5 Zehnerpotenzen bei Hefen erreicht. Die Lebendkeimzahl der

Hefesuspensionen lag zu Beginn zwischen 89 und 93 %, der Anteil intermediärer Zellen zwischen 0,4 und 1,1 %. Die Bestimmung der Ausgangskeimzahl erfolgte mittels einer Verdünnungsreihe und über eine Anzucht der Hefen. Somit wurden nur die lebenden Zellen für die Ermittlung der Keimreduktionsrate erfasst und mit einberechnet.
Eine Erhöhung der Temperatur von 30℃ auf 40℃ führt zunächst zu keiner Steigerung der Keimreduktion, erst mit einer weiteren Temperaturanhebung auf 50℃ ist die Entkeimungsrate mit 1,5 log-Stufen signifikant besser, sofern Einwirkzeit und Konzentration konstant bleiben (Abbildung 5-22). Dieser Effekt hängt wahrscheinlich mit der Denaturierung von Proteinen in der Zellwand und im Zellinneren bei Temperaturen über 40℃ zusammen. Die Proteine ermöglichen den aktiven Stofftransport in das Zytoplasma bzw. aus dem Zytoplasma. Wird deren Struktur verändert, können Desinfektionsmittel leichter in die Zellen gelangen und dort die vitalen Bestandteile der Mikroorganismen oxidieren und somit zerstören. Eine Hitzeschädigung der Proteine im Zellinneren verstärkt den letalen Effekt. Dies führt dann zur schnelleren Inaktivierung der Zelle im Vergleich zur Desinfektion bei niedrigeren Temperaturen.
Die Hefe *Candida tropicalis* erwies sich im Vergleich zu den Saccharomyces Stämmen resistenter gegenüber dem Anolyt. Dies könnte auf einen unterschiedlichen Aufbau der Zellwand dieser Hefegattung zurückzuführen sein. Die Penetration der hypochlorigen Säure würde erschwert, wodurch niedrigere Keimreduktionsraten resultieren. Es ist in späteren Arbeiten zu untersuchen, in welchem Stadium sich die Hefen besser beeinflussen lassen.

Gram-positive Bakterien wie *Lactobacillus brevis* und *Pediococcus damnosus* werden mittels der Anolytlösung bereits bei Raumtemperatur inaktiviert. Die Lebendkeimzahl nach Anzucht lag für *Lactobacillus brevis* bei 71 % lebenden und 6 % intermediären Zellen, für Pediococcus bei 89 % lebenden und 1 % intermediären Zellen. Zur Bestimmung der Ausgangskeimzahl wurden die Bakterien auf Petrischalen kultiviert und folglich nur die vitalen Zellen in die Keimreduktionsrate einberechnet. Im Bereich von pH 6 bei einer Minute Einwirkzeit wurde eine Reduktion um drei Zehnerpotenzen von L. brevis und P. damnosus erreicht. Für den Lactobacillus war eine Konzentration von 1,5 ppm und für den Pediococcus eine Konzentration von 1,1 ppm freiem Chlor notwendig. Pediococcus ist gegenüber dem Anolyt resistenter, es wird eine konzentriertere Lösung für die gleiche Keimreduktion benötigt. Dies könnte mit der Form und Größe der Zellen zusammen hängen. Lactobacillen sind stäbchenförmig, mit einer Größe von durchschnittlich 0,7x4 µm, der Pediococcus ist rundlich mit einer durchschnittlichen Größe von 0,7-1 µm

[132, S.68, 80, 145-146]. Der Lactobacillus besitzt demnach eine fast dreimal so große Oberfläche und bietet somit der hypochlorigen Säure mehr Möglichkeiten, durch die Zellwand in das Zytoplasma zu diffundieren.

Im Vergleich zum Anolyt werden mit Chlordioxid für die gleiche Keimreduktion um drei Zehnerpotenzen für den Lactobacillus eine Konzentration von 0,6 und für den Pediococcus 0,7 ppm benötigt. Es sind also geringere Konzentrationen als beim Anolyt notwendig. Der Resistenzunterschied der beiden Keime ist gegenüber Chlordioxid nicht gegeben. Dies könnte mit der hohen Oxidationskraft des Mittels zusammen hängen, wodurch bereits eine Veränderung der Zellwände und deren Durchlässigkeit erfolgen und es sich somit aktiv den Zugang zum Zellinneren ermöglichen könnte.
Veränderungen des pH-Werts machen den großen Unterschied der Wirksamkeit beider Mittel deutlich. Während das Anolyt im sauren Bereich von pH 6 am besten wirkt, ist dies bei Chlordioxid im alkalischen Bereich von pH 8 der Fall. Allerdings ist Chlordioxid auch bei pH 6 sehr effektiv, was Abbildung 5-3 und Abbildung 5-4 verdeutlichen. In Bezug auf den pH-Wert besitzt es ein breiteres Wirkungsspektrum. Die Auswahl des Desinfektionsmittels sollte sinnvollerweise je nach Beschaffenheit des Betriebswassers oder des Anwendungsbereichs gewählt werden. Im Regelfall unterscheiden sich die pH-Werte von Wasser regional bedingt stark. Dies hängt von der Zusammensetzung der Mineralien und der Pufferkapazität ab. Ist das Betriebswasser eher alkalisch, so wäre daher Chlordioxid das Mittel der Wahl. Für die Verwendung von Anolyt müsste das Wasser mit zusätzlichem Aufwand angesäuert werden, um eine gute mikrobiologische Wirksamkeit bei geringen Konzentrationen zu erzielen. Liegt der pH-Wert des Wassers eher im neutralen bis leicht sauren Bereich, ist eine Anwendung beider Mittel möglich.
Eine Desinfektion von Anlagenoberflächen ist mit Anolyt jedoch gegenüber der Verwendung von Chlordioxid vorteilhafter. Chlordioxid ist ein Gas und als solches in Wasser nur schlecht löslich. Temperaturabhängig ist daher ein schnelles Ausgasen die Folge, der Siedepunkt von Chlordioxid liegt bei 11°C [10]. Die Verwendung von Chlordioxid zur Außendesinfektion in Hygieneräumen kann daher beispielsweise zu Korrosion an Deckenelementen führen, indem sich das Chlordioxidgas im Deckenbereich sammelt und eine Aufkonzentration erfährt, welche korrosiv auf Edelstahlteile wirkt. Dieses Problem tritt auch in den letzten Spritzwasserzonen einer Flaschenreinigungsmaschine auf, die aufgrund ihrer geschlossenen Bauweise ebenfalls zu einer Sammlung und Aufkonzentration von Gasen führen können. Die hypochlorige Säure des Anolyt verhält sich anders als Chlordioxid. Sie liegt in Lösung und somit in Wechselwirkung mit den

Wassermolekülen vor. Die Gefahr einer Ausgasung ist dadurch gemindert, und es wird zu geringeren Korrosionsproblemen als mit der Anwendung von Chlordioxid kommen. Je weiter sich der pH-Wert in den sauren Bereich verschiebt, desto größer ist allerdings auch hier die Korrosionsgefahr, siehe Abbildung 6-1. Ab einem pH-Wert unter 4 fängt das Chlor an auszugasen, es wird von den H^+-Ionen aus der Verbindung gedrängt, Chlorgas und Wasser entstehen. Die Folge sind ähnliche korrosive Effekte wie bei der Anwendung von Chlordioxid. Zusätzlich ist die H^+-Ionenkonzentration bei niedrigen pH-Werten höher, was bereits für die direkt benetzten Anlagenoberflächen ein erhöhtes korrosives Potential mit sich bringt und zur Oxidation und Zerstörung der Passivschicht von Metallen führen kann. Die H^+-Ionen entziehen den Metallatomen Elektronen und oxidieren diese zu Metallen, die sich im Elektrolyt auflösen. Diese bereichsweise Auflösung von Metallatomen aus dem Materialverband führt zur korrosiven Zerstörung des Werkstoffs [133].

Die Untersuchungen haben gezeigt, dass bei der Anwendung von Anolyt und Chlordioxid im Gemisch sich die Mittel gegenseitig nicht beeinflussen. Gemeinsam verwendet zeigen sie keinen Synergieeffekt bezüglich der Keimreduktion von Sporen. Es bringt demzufolge keine Vorteile, diese Mittel gemischt anzuwenden.
Unter Einbezug der Temperatur sind durchaus Synergieeffekte gegeben. Die gleichzeitige Veränderung der Konzentration und der Temperatur hat einen positiven Effekt auf die Abtötung der Sporen. Die Keimreduktion ist mit Erhöhung der beiden Faktoren besser als mit Änderung nur eines Faktors. Eine Erhöhung der Chlordioxidkonzentration bei gleichzeitiger Verlängerung der Einwirkzeit führt zu einem stärkeren Anstieg der MLK. Eine Anhebung der Temperatur von 20°C auf 40°C bewirkt eine deutlichere Steigerung der Keimreduktion als eine Verlängerung der Einwirkzeit von 5 auf 10 Minuten, was in Abbildung 5-11 dargestellt ist. Für einen besseren Desinfektionseffekt ist die Temperaturerhöhung von größerer Bedeutung als eine Verlängerung der Einwirkzeit, was in mehreren Untersuchungen dieser Arbeit festgestellt wurde.

Die Entscheidung, ob man die Anolytlösung in Bezug auf eine gesteigerte Wirksamkeit besser erwärmt oder länger einwirken lässt, ist eher eine Frage der Wirtschaftlichkeit. Ist im Hinblick auf Anlagenlaufzeiten eine verlängerte Einwirkzeit im Verhältnis teurer als der Energieaufwand zur Erhitzung der Desinfektionslösung, so ist eine höhere Temperatur bei Anwendung der Anolytlösung sinnvoll.
Beim Rinsen von PET-Flaschen ist der Temperaturverlust der Desinfektionslösung nicht hoch, da die Flaschen sehr leicht sind und dadurch wenig thermische Energie

absorbieren. Die zur Verfügung stehende Zeit für den Rinsprozess beträgt zudem nur einige Sekunden, so dass eine Temperaturerhöhung hier in jedem Fall das geeignete Mittel der Wahl wäre, um die Desinfektionswirkung zu steigern. Hingegen nimmt beim Abspülen von Anlagenteilen die große Masse an Edelstahl schon viel thermische Energie auf. Hier ist eine kalte Anwendung besser geeignet, zumal die Biofilmbildung durch die Kombination von Wärme und Feuchte gefördert wird. Eine permanente Beschwallung oder Bedüsung führt zu der benötigten langen Einwirkzeit, so dass ein Aufheizen der Desinfektionslösung entfallen kann. Außerdem wird durch die kalte Anwendung der Dampfdruck in der Flüssigkeit niedrig gehalten und die Ausgasung von Chlor und somit die Korrosionsgefahr verringert.

Das Anolyt ähnelt offensichtlich einer konventionellen Hypochloritlösung sehr. Sollten noch weitere desinfizierend wirksame Substanzen im Anolyt einen signifikanten Einfluss auf die Keimreduktion besitzen, so würde eine direkte Gegenüberstellung beider Mittel dies zeigen.

Ein direkter Vergleich von Anolyt und Hypochlorit hinsichtlich mikrobiologischer Wirksamkeit gegenüber *Bacillus subtilis* zeigte mit einer Temperatur von 50 °C, 10 Minuten Einwirkzeit und einer Konzentration von 4 ppm an freiem Chlor eine identische Desinfektionswirkung. Auch bei Verschiebung des pH-Werts beider Mittel wurden übereinstimmende Ergebnisse erreicht. Im Bereich pH 6 ist die Wirkung gut, bei pH 8 findet kaum noch eine Keimreduktion statt. Diese Kongruenz führt zu dem Schluss, dass der hauptsächlich wirksame Bestandteil des Anolyts die hypochlorige Säure ist und die Dissoziation zum Hypochlorit-Ion die Ursache der nachlassenden Desinfektionsleistung beider Mittel im alkalischen pH-Bereich ist.

Bei hohen Temperaturen sowie niedrigen Einwirkzeiten und Konzentrationen ist die Keimreduktionsrate des Hypochlorits um eine Zehnerpotenz besser als die des Anolyts. Dies könnte an einer besseren Stabilität des Hypochlorits gegenüber höheren Temperaturen liegen. Das Anolyt wiederum wirkt bei niedrigen Temperaturen sowie langen Einwirkzeiten und hohen Konzentrationen besser als Hypochlorit. Möglicherweise könnten andere durch die Elektrolyse entstehenden Reaktionsprodukte zu einer besseren Durchdringung der Sporencortex im niedrigen Temperaturbereich führen. Beide Hypothesen sind in weiteren Untersuchungen zu überprüfen und bieten einen breiten Spielraum neuer Aufgabenstellungen.

6.2 Chemische Untersuchungen

Rückstände oxidativ wirkender Desinfektionsmittel haben allgemein einen negativen Einfluss auf Getränkeinhaltsstoffe, sie können zu Bräunungen oder dem Abbau essentiell wichtiger Bestandteile führen. Bereits eine Menge von 0,125 mg/L freiem Chlor baut 46 mg/L Ascorbinsäure ab, was in Abbildung 5-35 dargestellt ist. Für den Rinsprozess der Flaschen ist dies unkritisch. Geht man z.B. von 1 mL Restflüssigkeit mit der Konzentration von 4 ppm freiem Chlor in einer 500 mL Flasche aus, so würde die Restmenge, auf das gesamte Volumen umgerechnet, 0,008 mg/L an freiem Chlor betragen. Dies könnte zu einer Zehrung von maximal 3 mg/L Ascorbinsäure führen. Allerdings wäre die Reaktion nicht nur auf diese Substanz beschränkt, sondern es können auch andere Inhaltsstoffe des Getränks reagieren. Eine mögliche Migration des freien Chlors in die Wandung von PET-Flaschen wurde bisher nicht untersucht. Durch solche Effekte könnten die Restmengen an Chlor theoretisch durchaus höher liegen. Mit kalter Anwendung und einem konventionellen Spülprozess ist die Wahrscheinlichkeit einer Erhöhung der Restmengen durch Migration jedoch gering. Der Rinsprozess mit einer 600 ppm Peressigsäurelösung in Verbindung mit Tensiden und einer Temperatur von 60°C führt, bei einer Desinfektionszeit von etwa 6 Sekunden, zu keiner messbaren Migration in das PET-Material [134]. Anders verhält es sich mit der heißen Anwendung von Wasserstoffperoxid zur Behälterdesinfektion. Hier findet aufgrund des hohen Temperaturgradienten eine schnellere Wanderung des Peroxids in die Flaschenwandung statt, je nach Oberflächen-Volumen-Verhältnis und Behandlungsdauer können Restmengen von über 1 ppm verbleiben [135]. Solche Konzentrationen wirken sich negativ auf die Produktqualität aus, da sie eine Oxidation verschiedener Getränkeinhaltsstoffe bewirken.

Eine Rückverdünnung von Saftkonzentraten mittels mit Chlor bzw. Anolyt aufbereitetem Trinkwasser kann jedoch nicht empfohlen werden. Die Restmengen an freiem Chlor sollten durch die Behandlung von Trinkwasser zwar 0,3 mg/L nicht überschreiten, aber auch nicht unter 0,1 mg/L liegen. Diese Menge könnte zu erheblichen unerwünschten Veränderungen im Produkt führen und somit dessen Qualität schaden.

Im Hinblick darauf sind auch die in dieser Arbeit ermittelten Geschmacksschwellenwerte interessant. Im Wasser führen bereits 0,25 mg/L freies Chlor zu einer merklichen Veränderung der sensorischen Eigenschaften. Für die Abfüllung von Mineralwasser ist deshalb besonders darauf zu achten, dass nicht zu viel Anolyt-Rinsflüssigkeit in den

Flaschen verbleibt und durch eine permanente Desinfektion der Anlagenoberflächen keine Spritzer der Desinfektionslösung in die Flasche und somit in das Produkt gelangen. Die Schwellenwerte für Bier und Apfelsaft sind dem gegenüber unkritischer zu betrachten, sie liegen mit 10 mg/L und 25 mg/L in Bereichen, die bei richtiger Anwendung des Desinfektionsmittels nicht erreicht werden können.

Neben der negativen Auswirkung von Anolyt auf Getränkeinhaltsstoffe können Getränkereste wiederum zu einer Beeinträchtigung der Desinfektionsleistung führen, indem sie das freie Chlor aufzehren. Das Zehrungsverhalten von Apfelsaft und Bier auf Anolyt wurde untersucht, die Reduktion des freien Chlors ist beträchtlich. Je 1 mL Apfelsaft bzw. Bier zehren 2,4 mg/L bzw. 3,6 mg/L freies Chlor, was in den Abbildungen 5-36 und 5-37 dargestellt ist. Dies ist besonders für die Anwendung von Anolyt bei einer permanenten Fülleraußenbedüsung zu berücksichtigen. Das Anolyt trifft dort auf mit Produkt verunreinigte Flächen, die entweder durch Überschäumen der Flaschen während der Abfüllung von Schorlen oder durch Hochdruckinjektion von heißem Wasser in die Flasche während der Abfüllung von Bier entstehen. Der mikrobiologisch kritischste Bereich in einer Abfüllanlage ist jedoch immer der Verschließer. Er ist im Vergleich zum Rinser- oder Füllerkarussell von geringem Durchmesser und dreht deshalb schneller um die eigene Achse. Zudem werden die Verschließelemente bzw. die Flaschen vertikal bewegt, und die Rotation der Verschließerköpfe von Drehverschließern erfolgt mit hoher Geschwindigkeit. Insgesamt müssen die Teile also beweglich sein, wodurch sie kompliziert im Aufbau und deshalb schwer nach Gesichtspunkten des Hygienic Designs zu gestalten sind. Dadurch haben Mikroorganismen und Produktreste viele Möglichkeiten sich fest zu setzen. Ist dies der Fall, wirken die Verschließerbewegungen und die auftretenden Fliehkräfte wie ein Katapult und verbreiten Produktreste und Mikroorganismen im Umfeld, wodurch die Rekontaminationsgefahr für das Getränk in der noch nicht verschlossenen Flasche extrem steigt. Eine permanente Beaufschlagung des Verschließaggregats mit Anolyt könnte diese Gefahr eindämmen, dem stehen aber zwei Argumente entgegen. Einerseits ist die Gefahr eines Übertrags von Desinfektionsmittel in das Getränk gegeben, andererseits haben die Verschließer konventioneller Anlagen oft Bauteile aus Buntmetall, welche aufgrund ihrer geringen Beständigkeit gegenüber oxidativ wirkenden Substanzen und Chloriden für eine permanente Desinfektion ungeeignet sind. Der Verschließer würde korrodieren. Diese Einschränkung der Applikation, gerade in dem sensibelsten Bereich der Abfüllung, stellt ein entscheidendes Problem dar. Die Sicherheit des gesamten Abfüllprozesses ist durch diese Schwachstelle gefährdet. Es besteht ein unkalkulierbares Restrisiko, dem im besten Falle mit einem Austausch alter Verschließer gegen Versionen aus Edelstahl begegnet werden kann, wodurch zumindest die Korrosionsgefahr eingedämmt wäre.

Wird auf eine Zugabe von Kaltentkeimungs- oder Konservierungsmitteln verzichtet, sollte eine Überwachung des Abfüllprozesses an unterschiedlichen Stellen erfolgen, da nachträglich keine Entkeimung des Produkts gegeben ist. Ein Monitoring der Düsensysteme ist wichtig, um eine permanente Desinfektion für einen sicheren Füllprozess zu gewährleisten. Hier ist eine Überwachung mittels Durchflussmesser geeignet, um den genauen Verbrauch an Desinfektionsmittel pro Zeiteinheit zu messen. Damit erkennt man schnell und einfach Differenzen im Durchsatz durch z.B. verstopfte Düsen oder Pumpenstörungen. Die Position der Düsen ist in festgelegten Intervallen zu überprüfen, damit das Mittel gesichert an den richtigen Stellen aufgebracht wird. In diesem Zusammenhang ist auch eine Überwachung der Prozesse der gesamten Füllereinheit nötig, von der Produktpasteurisation bis hin zu Ventilschaltungen der Leitungswege, um eine Kontamination des Getränks auf diesem Wege auszuschließen. Die hygienische Ausführung von Ventilen und sonstigen Einbauten sollte selbstverständlich sein, damit die nötige Reinigungs- und Desinfizierbarkeit der inneren Anlagenteile gewährleistet ist.
Um eine gute Desinfektionswirkung des Anolyt zu gewährleisten, muss der Abtrag organischer Substanzen ausreichend sein. Der Durchsatz der verwendeten Düsen muss dementsprechend hoch sein. Das freie Chlor wird ansonsten komplett aufgezehrt und besitzt keine desinfizierende Wirkung mehr. Allerdings erhöhen sich dadurch die Wasser und Abwasserkosten, welche bei der Kalkulation einer permanenten Desinfektion zu berücksichtigen sind. Einsparungen können durch einen Wechsel auf eine Intervallbedüsung erzielt werden, allerdings ist hier eine genaue Überprüfung zur Festlegung der Intervalle notwendig. Eine geeignete Methode hierfür ist die Analyse der Oberflächen mittels Abstrichproben. Diese werden zum einen, wie in Kapitel 5.1.6 beschrieben, mit ATP-Teststäbchen und mit konventionellen mikrobiologischen Abstrichen vorgenommen. Der ATP-Test hat den Vorteil, dass er innerhalb von Sekunden das Ergebnis anzeigt, die Auswertung der mikrobiologischen Proben dauert dagegen mindestens 2-3 Tage, für Anaerobier sogar bis zu 7 Tagen. Die ATP-Proben geben schnellen Aufschluss darüber, ob die Reduzierung der Desinfektionsmittelmenge weiterhin zu einem genügenden Abspüleffekt organischer Substanzen führt, die konventionellen Abstrichproben liefern einen Hinweis auf vermehrungsfähige, Getränke schädigende Keime.

Eine Alternative zum Einsatz hoher Desinfektionsmittelmengen ist die Erhöhung der Konzentration. Dies kann jedoch aufgrund der verstärkten Korrosionsgefahr durch den Gehalt an freiem Chlor und Chloriden nur eingeschränkt erfolgen.
Ferner ist zu beachten, dass eine permanente Bedüsung zur Desinfektion nur dann wirkungsvoll ist, wenn die Anlagenoberflächen zuvor einer gründlichen Reinigung unterzogen wurden. Die Intervalle zwischen den Reinigungen können zwar ausgedehnt werden, da eine kontinuierliche Abspülung der sensiblen Bereiche erfolgt, allerdings findet eine Kontamination des näheren Umfelds weiterhin statt.

An Oberflächen haftende Mikroorganismen sind weniger empfindlich gegenüber Desinfektionsmitteln als suspensierte, da die Möglichkeit der Penetration durch die schützenden Polymerschichten verringert ist [43]. Die Keime befinden sich zudem meist in einem Wachstumsstadium, in dem sie schwerer zu inaktivieren sind. Dies ist bei einer Desinfektion von Anlagenteilen immer zu berücksichtigen. Die Ergebnisse des mikrobiologischen Teils dieser Arbeit sind hierauf nicht direkt übertragbar, da die Keime frei in einer Suspension vorlagen. Nur spezielle Untersuchungen in dieser Richtung können zu weiteren Erkenntnissen verhelfen. Einige Autoren beschäftigten sich zwar mit diesem Thema [34,79,83], die Anwendungskonzentrationen im Bereich 40-60 ppm waren dabei jedoch so hoch, dass sie aufgrund des Korrosionsrisikos für eine Anwendung auf Edelstahloberflächen nicht geeignet sind. In der Praxis werden Konzentrationen von 2 bis max. 4 ppm freiem Chlor für die Außendesinfektion von Getränkeabfüllanlagen angewandt. Dies ist unproblematisch, so lange sich freies Chlor und Chlorid nicht aufkonzentrieren können und der Edelstahl fachgerecht verarbeitet ist. Mit Abschalten der permanenten Desinfektion, z.B. bei Anlagenstillstand während des Wochenendes, wird eine gründliche manuelle und anschließend automatische Außenreinigung der Anlage empfohlen. Das Abspülen des Reinigungsschaums sollte mit nicht chloriertem Trinkwasser erfolgen.

Im Hinblick auf die Korrosion ist auch der Chloridgehalt der Anolytlösungen zu diskutieren. Im Gegensatz zu konventionellen Hypochloritlösungen ist der Gehalt an Chloriden hoch, wodurch die Korrosionsgefahr verstärkt wird. Dies liegt in der unterschiedlichen Herstellungsweise der Desinfektionslösungen, wie in Kapitel 5.2.6 beschrieben. Verschiedene Anolytlösungen weisen unterschiedliche Chloridgehalte auf. Ursache dafür ist die Konstruktion der Zelle und die Einstellungen des Elektrolyseprozesses. Das Faraday-Gesetz beschreibt die Beziehung zwischen der Massenbilanz in einer elektrochemischen Reaktion und der Bilanz der dabei ausgetauschten Ladungen. Eine einfache elektrochemische Reduktionsreaktion sieht folgendermaßen aus:

$$\nu_E E + ze^- \rightarrow \nu_P P$$

ν_i = stöchiometrischer Faktor

z = Ladungszahl

E = Edukt

P = Produkt

Die Beziehung zwischen der chemischen Stoffmenge n [mol] und der elektrischen Ladungsmenge Q ist das Faraday-Gesetz:

$$Q = n \cdot z \cdot F$$

F = Faraday Konstante = 96.485 C / mol = 26,80 A·h / mol

Die Ladung Q hat die Einheit Coulomb C (C=A·s). Die Faraday-Konstante ist die Ladungsmenge, die einem Mol Elektronen entspricht [4]. Demnach ist die Gewichtsmenge eines elektrolytisch gebildeten Stoffes der durch den Elektrolyten geflossenen Elektrizitätsmenge direkt proportional [5, S. 162].

Dies erklärt die steigenden Hypochloritkonzentrationen durch Erhöhung der Stromstärke und Verringerung der Flussrate. Eine höhere Stromstärke kann pro Zeiteinheit mehr Ladung übertragen, längere Zeiten bewirken bessere Umsatzraten. Das Elektrodiaphragmaverfahren arbeitet im Durchfluss. Die Flussrate sollte nicht zu hoch gewählt werden, sonst verschiebt sich das Verhältnis von reaktiver Substanz zu nicht umgesetzten Ionen stark in Richtung Chlorid, was die Versuche 4 und 5, Tabelle 5-16, aus Kapitel 5.2.4 deutlich zeigen. Je höher die Umsatzraten des Reaktors sind, desto höher ist nicht nur die Ausbeute an HOCl, sondern desto geringer ist der Gehalt an korrosiv wirkenden Chlorid-Ionen. Dies sollte die primäre Zielsetzung sein, denn eine Maximierung der Ausbeute ist aufgrund der geringen Kosten von Natriumchlorid nicht der entscheidende Faktor.

Die Elektrolytkonzentration hat ebenfalls einen Einfluss auf die Konzentration des Anolyts. Je mehr Ionen zu Beginn vorhanden sind, desto konzentrierter kann die Anolytlösung werden. Die Umsatzrate wird jedoch maßgeblich von den Parametern Stromstärke und Flussrate bestimmt, so dass eine beliebige Aufkonzentrierung des Elektrolyts nicht zum gewünschten Ziel führen würde. In den durchgeführten Versuchen wurde keine vollständige Umsetzung des Elektrolyts erreicht. Die beste Konversion wurde im ersten Versuch mit der höchsten Stromstärkeneinstellung erzielt. Eine höhere Ampèrezahl wirkt sich allerdings belastend auf das Elektrodenmaterial aus, so dass eine verminderte

Lebensdauer der Elektrolyseeinheit zu erwarten ist. Bei einer Überspannung und dem dadurch entstehenden hohen Elektronenfluss werden Teile der Elektrodenbeschichtung mitgezogen, so dass ein Abtrag der Beschichtung erfolgt. Dies führt zunehmend zu einer Sauerstoffbildung im Elektrolyten, anstelle einer Bildung von Chlor [136]. Eine Kombination aus ausreichend hoher Stromstärke mit angepasster Flussrate und Elektrolytkonzentration, sowie eine für konstante Konversion geeignete Bauform der Elektrolysezelle ist Voraussetzung für eine konstante Qualität des Anolyts mit geringem Chloridgehalt.

Während der Elektrolyse von Natriumchlorid kann die Bildung unerwünschter Nebenprodukte erfolgen. Das entstandene Hypochlorit kann anodisch zu Chlorat weiteroxidiert werden [137]:

$$12ClO^- + 6H_2O \rightarrow 4ClO_3 + 8Cl^- + 12H^+ + 3O_2 + 12e^-$$

Die Bildung von Chlorat wird durch eine möglichst hohe Chlorid-Konzentration unterdrückt. Eine zusätzliche Verminderung erreicht man durch hohe Stromdichten und niedrige Arbeitstemperaturen [137]. Die hohe Chlorid-konzentration wirkt sich bei nicht vollständiger Umsetzung aufgrund des erhöhten Korrosionsrisikos wieder nachteilig aus.
Chlorat wiederum ist zu Perchlorat anodisch weiteroxidierbar:

$$ClO_3^- + H_2O \rightarrow ClO_4^- + 2H^+ + 2e^-$$

Diese Substanz allerdings entsteht zu weitaus geringeren Anteilen als Chlorat. Aufgrund der toxischen Eigenschaften sollte die Reaktion dieser Substanz möglichst vollständig vermieden werden. Perchlorat kann zu einer reduzierten Jodaufnahme des Körpers und somit unter anderem zu Störungen der Embryoentwicklung im ersten Schwangerschaftsdrittel führen.
Wird kein Katholyt in die Anodenkammer zurückgeleitet, so liegt der pH-Wert der Anolytlösung im sauren Bereich um pH 2-2,5. Mit Erniedrigung des pH-Wertes steigt auch das Redoxpotential der Lösung. Die Nernst'sche Gleichung beschreibt die Abhängigkeit des Redoxpotentials E eines Redox-Paares von den auftretenden Konzentrationen:

$$E = E_0 + \frac{0{,}05916}{n} \cdot \log \frac{c_{Ox.}}{c_{Red.}}$$

E_0 bezeichnet das Normalpotential, n die Anzahl der übertragenen Elektronen und c_{OX} bzw. c_{Red} ist jeweils das Produkt der auf der betreffenden Seite der Redoxhalbreaktion auftretenden Konzentrationen. Wird der pH-Wert der Anolytlösung kleiner, so wird der Anteil an oxidativ wirksamer undissoziierter hypochloriger Säure größer und somit steigt auch das Redoxpotential [41,69]. Der Literatur ist zu entnehmen, dass saure Anolytkonzentrate, im Gegensatz zu neutralen Lösungen, während der Lagerung instabiler sind [57,64]. Verdünnt man die Anolyte auf eine Anwendungskonzentration von beispielsweise 4 ppm, so wird der pH-Wert des Wassers kaum verändert, da der Anteil an Wasser im Gegensatz zum Anolyt sehr viel höher liegt (1:10 bis 1:50, je nach Konzentratstärke). Es macht dann keinen nennenswerten Unterschied, ob das Konzentrat neutral oder sauer ist. Das Redoxpotential der sauren Lösung wird durch Verschieben des pH-Werts in den neutralen Bereich in jedem Fall geringer, siehe Abbildung 3-5, so dass sich ein Hervorheben von Anolyt mit besonders hohem Redoxpotential und der dadurch angeblich verbundenen besseren desinfizierenden Wirkung relativiert.

Im Rahmen der Untersuchungen wurde auch die Temperaturbeständigkeit einer verdünnten Anolytlösung im Hinblick auf die Konzentration von freiem Chlor ermittelt. Das Chlor lag gelöst vor und verhält sich gemäß dem allgemeinen Gasgesetz:

$$p \cdot v = n \cdot R \cdot T$$

Die in einem bestimmten Gasvolumen (v = konstant) enthaltene Molmenge n eines Gases ist gemäß dem Gesetz bei gegebener Temperatur (T = konstant) dem Druck p proportional. Mit steigender Temperatur nimmt unabhängig vom Druck die Gaslöslichkeit ab.

Unter konstantem Temperatureinfluss von 80°C beträgt der Abbau in 35 Minuten 0,5 mg/L freies Chlor. Mit Anwendung einer Anolytlösung von 4 mg/L liegt dies im Toleranzbereich, so dass eine Aufkonzentration z.B. eines Rinservorlagebeckens etwa alle 30 Minuten erfolgen müsste. Hierbei ist jedoch zu beachten, dass durch eine Zirkulation der Rinserlösung im Kreislauf auch eine Aufkonzentration der Chloride stattfindet, so dass Intervalle für einen Komplettaustausch festzulegen sind. Wird die Chloridkonzentration zu hoch, so steigt die Korrosionsgefahr für Edelstahl, insbesondere bei hohen Temperaturen. Materialschädigungen wären somit unabdingbar.

In Abfüllbetrieben, die mit einer Anolyt-Anlage ausgestattet sind, erfolgt die Zwischenlagerung des Konzentrats üblicherweise in so genannten IBC-Containern. Diese fassen zumeist 1000 L und bieten dadurch einen ausreichenden Puffer bei ungleichmäßiger Abnahme. Die Stabilität eines sauren Anolytkonzentrats während dieser Aufbewahrungsform wurde überprüft. Der pH-Wert, die Temperatur, der Gehalt an freiem Chlor, das Redoxpotential, der Bromid- und Perchloratgehalt bleiben über 120 Stunden konstant. Der Chloratgehalt der Lösung stieg in den ersten 24 Stunden von 17 auf 27 mg/L

an, blieb dann aber über die restliche Versuchsdauer konstant. Der für die Desinfektionswirkung wichtigste Wert des freien Chlors verändert sich demnach nicht, so dass die Aufbewahrungsform geeignet erscheint. Eine Produktionsunterbrechung von 5 Tagen ist somit unproblematisch, das Anolyt behält seine desinfizierende Wirkung.
Die Überwachung der Anolytkonzentration während der Produktion sollte ohnedies am besten mittels einer Messung des freien Chlorgehalts erfolgen. Nur so ist eine stete Überwachung des für die Desinfektion grundlegendsten Faktors gegeben. Mittels des Redoxpotentials kann zwar eine Überwachung erfolgen, ob Anolyt vorhanden ist oder nicht, es kann aber keine Überdosierung verhindert werden, da der Messwert ab einer bestimmten Konzentration konstant bleibt. Somit wäre die Gefahr einer zu hohen Konzentration an freiem Chlor und Chlorid in der Anwendungslösung gegeben, was zu schweren Korrosionsschäden führen kann. Eine Messung über die Leitfähigkeit wäre eine andere denkbare Alternative, allerdings können hier Schwankungen in der Wasserqualität oder die Verschleppung von Reinigungssubstanzen zu einer Irritation bei der Messung und somit falschen Konzentrationsregelung führen.

Die Chlorat- und Perchlorat-Werte der in Kapitel 5.2.5.6 getesteten Anolytflüssigkeit liegen für eine Trinkwasserdesinfektion im kritischen Bereich. Die von WHO und EPA angegebenen Maximalwerte von 0,7 mg/L für Chlorat und 0,015 mg/L für Perchlorat sind zwar vorläufige Richtwerte, die Festlegung definitiver Grenzwerte wird vermutlich bald erfolgen, die Diskussion hierüber spitzt sich weiter zu. Geht man von diesen Richtwerten aus, so würde mit einer Anwendungslösung von 1 mg/L freiem Chlor der Chlorat-Wert mit 0,7 mg/L gerade noch im Toleranzbereich liegen, der Perchlorat-Wert mit 0,06 mg/L jedoch nahezu über dem Vierfachen des Richtwertes. Die Hersteller der Anolytanlagen sollten den Focus verstärkt auf die Entstehung der Desinfektionsnebenprodukte während der Elektrolyse legen, um im Hinblick darauf gesundheitlich unbedenkliche Mittel zu produzieren.

Die Stabilität von Anolyten im Vergleich zu Hypochloriten während der Behandlung verschieden präparierter Edelstahloberflächen wurde unter Berücksichtigung der Einflüsse verschiedener Düsen und Kontaminationsarten auf die chemische Zusammensetzung der Desinfektionsmittel untersucht. Die Ausgangskonzentration an freiem Chlor in den Lösungen betrug zwischen 3,4 und 3,6 mg/L. Dies entspricht gängigen Anwendungskonzentrationen für eine permanente Oberflächendesinfektion. Aufgrund der starken Verdünnung der Konzentrate sind die Desinfektionsnebenprodukte Chlorit, Bromid und Perchlorat nur in Spuren vorhanden. Die Substanzen lagen unter der Bestimmungsgrenze von 0,01 mg/L, so dass die physikalischen Einflüsse auf diese Faktoren nicht bestimmt werden konnten. Die Gehalte befanden sich somit aber ohnehin unter den kritischen Richtwerten.

Zunächst wurden die Parameter Chlorid und Chlorat für die einzelnen Desinfektionsmittel gegenüber gestellt. Die beiden Hypochlorite wiesen aufgrund der erhöhten Konversion der Natriumchloridlösung während der Elektrolyse einen geringeren Chloridgehalt als die Anolytlösungen auf. Die Korrosionsgefahr betreffend ist demnach eine Verwendung konventioneller Hypochloritlösungen geeigneter. Im Hinblick auf den Chloratgehalt liegt der Vorteil jedoch klar bei den Anolytlösungen, der Anteil ist dort deutlich geringer. Insbesondere die gelagerte Hypochloritlösung weist eine mindestens siebenfache Konzentration an Chlorat verglichen mit den Anolytlösungen auf, wodurch die Verwendung dieser Substanz für die Desinfektion unter Aspekten der Abwasserbelastung nicht zu empfehlen ist. Die frisch hergestellte Hypochloritlösung hat einen etwa doppelt so hohen Gehalt wie eine der Anolytlösungen; mit 1,4 mg/L liegt dieser aber immer noch in einem kritischen Bereich für die Trinkwasserdesinfektion, je nach Anwendungskonzentration.
Die Parameter freies Chlor und Chlorat werden hinsichtlich des Einflusses physikalischer Faktoren untersucht. Der Chloratgehalt bleibt konstant, hier können keine signifikanten Einflüsse der Faktoren Düsenart, Probenahmestelle, Art der Kontamination oder pH-Wert festgestellt werden. Die Art des Desinfektionsmittels ist der entscheidende Faktor für die Absolutmenge in der Anwendungskonzentration und somit für die Abwasserbelastung. Der Gehalt an freiem Chlor wird stark beeinflusst durch die Kontamination von Bier und Apfelsaft auf den Edelstahlplättchen. Mit Auftreffen auf die Plättchen ohne Kontamination nimmt die Konzentration nur in geringem Maße um 0,2 mg/L ab. Nach Kontakt mit den kontaminierten Plättchen verringert sich der Gehalt der beiden Anolytlösungen und der frisch hergestellten Hypochloritlösung signifikant um 2,5 mg/L. Diese Reduktion ist erheblich und bewirkt nahezu eine Inaktivierung des Desinfektionsmittels. Das gelagerte Hypochlorit stellt eine Ausnahme dar, hier beträgt der Verlust an freiem Chlor nur 0,8 mg/L. Diese Lösung ist in Bezug auf diesen Parameter also wesentlich stabiler, der so genannte Eiweißfehler, d.h. die Bindung des Desinfektionsmittels an die Aminosäuren der organischen Substanzen, ist weitaus geringer im Vergleich zu den anderen Desinfektionslösungen. Eine Erklärung hierfür kann der Zusatz stabilisierender Substanzen zu dieser Lösung sein, die den Gehalt an freiem Chlor bereits über die Lagerdauer konstant halten sollen.

Zusammenfassend stellt die Applikation der Desinfektionslösungen mittels Düsen keine Beeinträchtigung der mikrobiologischen Wirksamkeit dar, und das Desinfektionsnebenprodukt Chlorat wird dadurch auch nicht in der Konzentration verändert. Nach Kontakt mit organischen Substanzen nimmt der Gehalt an freiem Chlor massiv ab, und die Desinfektionsleistung wird stark eingeschränkt. Dieser Effekt wurde bereits diskutiert und muss für die Anwendung zur Oberflächendesinfektion an Getränkeabfüllanlagen unbedingt beachtet werden.

Abschließend erfolgte eine Gegenüberstellung der Herstellungskosten für die vor Ort Produktion einer konventionellen Hypochloritlösung bzw. einer Anolytlösung. Dieser Vergleich wurde auf Basis der Herstellung von freiem Chlor als desinfizierend wirksame Substanz erstellt. Die Produktion der gleichen Menge hypochloriger Säure mit einer Anolytanlage beträgt etwa das Zehnfache gegenüber den Kosten, die durch eine konventionelle Anlage entstehen. Dies liegt an der höheren Konversion des Elektrolyten mittels einer Herstellung im Batch-Verfahren statt im Durchlauf. Zu beachten bleiben aber die erhöhten Mengen an unerwünschten Desinfektionsnebenprodukten, die mit der Herstellung auf konventionelle Art entstehen und die weiterhin strittige Frage, ob das Anolyt weitere desinfizierend wirkende Substanzen besitzt und somit einen Vorteil gegenüber konventionellen Hypochlorit-Lösungen hat.
Generell bietet die Vor-Ort-Herstellung von Desinfektionsmitteln mit Elektrolyseanlagen eine hohe Betriebssicherheit. Die Funktionen der Anlagen werden überwacht, so dass eine gleich bleibende Qualität der Mittel gegeben ist. Der Umgang mit Gefahrenstoffen für die Anlagenbediener entfällt, und es ist kein Umstecken von Vorratsfässern nötig. Bedienerfehler können durch geeignete Überwachungsmaßnahmen nahezu vollständig ausgeschlossen werden.

Ausblick

Aus mikrobiologischer Sicht ist die Wirkung von gering konzentriertem Anolyt auf anhaftende Zellen, speziell auf Edelstahloberflächen, noch zu untersuchen. Hierzu wäre ein Vergleich unterschiedlicher, in der Praxis verwendeter Düsen sinnvoll: Zweistoffdüsen, rotierende Düsen und Flach- bzw. Fächerstrahldüsen und der Einfluss verschiedener Drücke bei der Applikation. Die physikalischen Einflüsse müssen hierbei möglichst konstant gehalten werden, um vergleichbare Ergebnisse zu erzielen. Im Zuge dieser Analysen sind insbesondere auch Korrosionsversuche von Interesse. Die Praxis zeigt, dass mit den bisher verwendeten Konzentrationen von 2-4 ppm freiem Chlor zur Außendesinfektion von Edelstahloberflächen keine größeren Probleme auftreten, doch fehlt die wissenschaftliche Grundlage. Es gibt bisher keine Untersuchungen dazu, wie die Parameter freies Chlor und Chlorid in Kombination auf die Passivschicht wirken. Besonders die Antrocknung der Anolytlösungen ist dabei kritisch zu betrachten.

Der Vergleich von Anolyt- und Hypochloritlösungen sollte ebenfalls weiter verfolgt werden. Die Ergebnisse des Faktorenversuchsplans zur Keimreduktion von *Bacillus subtilis* Sporen ergeben einen Unterschied für bestimmte Parametereinstellungen von Konzentration, Temperatur und Einwirkzeit, für andere wiederum nicht. Es ist also nicht definitiv festzustellen, dass die Wirkung des Anolyts nur auf die hypochlorige Säure zurückzuführen ist. Untersuchungen mit vegetativen Keimen zum direkten Vergleich der Mittel könnten Aufschluss darüber geben, ob das hohe Elektronenpotential der Anolytlösungen zu besseren Keimreduktionen führt. Der aktive Stoffwechsel dieser Zellen ist anfälliger gegenüber Ladungsveränderungen in der Umgebung, als dies bei Sporen der Fall ist.

Wissenschaftlich kaum untersucht ist das Katholyt. Es entsteht in den meisten Elektrolyseanlagen zu 50% und wird bisher meist verworfen, was sich negativ auf den Wirkungsgrad der Anlagen auswirkt. Der Laugegehalt ist mit unter 0,01% gering, trotzdem soll die Reinigungswirkung laut Aussage unterschiedlicher Hersteller herausragend sein. Kritisch für die Verwendung an Edelstahlanlagen ist der hohe Gehalt an Chloriden, der im Konzentrat bei 1500 mg/L und höher liegt und somit Korrosionsschäden verursachen kann.

Die Entwicklung der Elektrolyseanlagen sollte weiter gehen. Die Konzentrate der einzelnen Hersteller unterscheiden sich in ihrer Zusammensetzung zum Teil erheblich. Für die Anwendung der Anolyte in der Getränkeindustrie sollten die Mittel einen möglichst hohen Wirkstoffgehalt (freies Chlor) haben und die Chlorid-, Chlorit-, Chlorat-, Perchlorat- und Bromidgehalte möglichst gering sein. Eine möglichst lange Lebensdauer der Zelle und geringer Wartungsaufwand ist ebenfalls anzustreben. Der Chloridgehalt des Katholyt sollte minimiert, die Laugekonzentration maximiert werden. Ob eine Optimierung der Anoden- und der Kathodenflüssigkeit in einer Anlage umgesetzt werden kann, bleibt fraglich. Eventuell ist die Entwicklung separater Anolyt- und Katholytanlagen nötig, um den Anforderungen gerecht zu werden.

Abkürzungen

AEW	Acidic Electrolyzed Water
ANOVA	Analysis of Variance
ATP	Adenosintriphosphat
BEW	Basic Electrolyzed Water
CIP	Cleaning in Place
CSB	Chemischer Sauerstoffbedarf
DNA	Desoxyribonucleic Acid
DNP	Desinfektionsnebenprodukt
DPD	n,n-diethyl-p-phenylendiamin
ECA	elektrochemische Aktivierung
EO	Electrolyzed Oxidizing Water
EPA	Environmental Protection Agency
EPS	extrazelluläre polymere Stoffe
et al.	et alii
ff.	fortfolgende
HAA	Haloacetic acid
HAN	Haloaceto nitril
HDPE	High Density Polyethylen
HK	Haloketon
HPIC	High Performance Ion Chromatography
IBC	Intermediate Bulk Container
IC	Ion Chromatography
ISO	International Standards Organisation
KbE	Kolonie bildende Einheiten
log	Logarithmus zur Basis 10
MAK	maximale Arbeitsplatzkonzentration
MEBAK	Mitteleuropäische brautechnische Analysekommission
MLK	mittlere logarithmische Keimreduktion
NBB-A	Nachweis bierschädlicher Bakterien (Anreicherungsmedium höherer Konzentration)
NBB-B	Nachweis bierschädlicher Bakterien
NEW	Neutral Electrolyzed Water
PET	Polyethylenterephthalat

REACH	Registration, Evaluation and Authorisation of Chemicals
RLU	Relative Light Units
THM	Trihalogenmethan
TU	Technische Universität
UV	Ultraviolett
VDMA	Verband Deutscher Maschinen- und Anlagenbau e.V.
WHO	World Health Organisation

Nomenklatur

A	Aktivierungsenergie	J
A	Asymmetrie-Faktor	
c	Konzentration	mg/L
D	Verteilungskoeffizient	
DF	Degree of Freedom (Freiheitsgrad)	
E_0	Normalpotential	
F	Faraday Konstante	96.485 C/mol; 26,80 A·h/mol
F	F-Wert	
k	Konstante	
K	Selektivitätskoeffizient	
k	Kapazitätsfaktor	
KbE	Kolonie bildende Einheiten	1/mL
MS	Mean Square (Varianz)	richtet sich nach der Einheit des Mittelwertes
n	Stoffmenge	mol
p	Druck	Pa; bar
p	Anzahl der Faktoren bei Faktorenversuchsplanung	
p	probability value (Irrtumswahrscheinlichkeit) bei Faktorenversuchsplanung	
Q	elektrische Ladungsmenge	C
R	Allgemeine Gaskonstante	

R	Auflösung im Diagramm	
R	Bestimmtheitsmaß (Statistik)	
RMS	Root Mean Square Error (Standardabweichung)	
SS	Sum of Squares (Quadratsumme)	
T	Temperatur	K, °C
t	Zeit	min
w	Basisbreite	
W	Wiederholbarkeit	
Ym	mittlerer Datenbereich	
z	Ladungszahl	
α	Selektivitätsfaktor	
v_i	stöchiometrischer Faktor	
Σ	Summe	
φ	Reaktionsgeschwindigkeit	

Indices

AB	Stoff A und Stoff B
ad.	adjustiert
aq	aqua
CD	Stoff C und Stoff D
E	Edukt
kr	kritischer Wert
m	mobile Phase
max	maximal
Ox.	Oxidant
P	Produkt
pr	Prüfgröße
Red.	Reduktant
s	stationäre Phase
α	Signifikanzniveau

Literaturverzeichnis

1 KRAMER, AXEL und ASSADIAN, OJAN
Wallhäußers Praxis der Sterilisation, Desinfektion, Antiseptik und Konservierung
Georg Thieme Verlag KG, 2008

2 BESSEMS, EUGENE
Desinfektionsmittel für die Lebensmittel- und Veterinärhygiene
Behrs Verlag, 1. Auflage 2003

3 WHITE, GEORGE CLIFFORD
Handbook of Chlorination and Alternative Disinfectants, 4th edition
Wiley Verlag, 1999

4 SCHMIDT, VOLKMAR M.
Elektrochemische Verfahrenstechnik, Grundlagen, Reaktionstechnik, Prozessoptimierung
Wiley-VCH Verlag GmbH&KGaA, Weinheim, 2003

5 HOLLEMANN-WIBERG
Lehrbuch der anorganischen Chemie, 81.-90. Auflage
Walter de Gruyter&Co., 1976

6 JANDER, BLASIUS
Lehrbuch der analytischen und präparativen anorganischen Chemie
S. Hirzel Verlag 2006

7 BRIMER, B. und THOMAS, C.
Chlorierung von Trinkwasser
Seminar Grundwasserschutz Übung, Freiberg, 28.05.2004

8 ZIRBS, REINHOLD
Schadstoffe in Hallenbädern
Unfallversicherung aktuell 3 / 2008

9 LEN, S.-V., HUNG, Y.-C., ERICKSON, M. und KIM, C.
Ultraviolet Spectrophotometric Characterization and Bactericidal Properties of Electrolyzed Oxidizing Water as Influenced by Amperage and pH
Journal of Food Protection 2000, Ausgabe 63, Nr. 11, 1534-1537

10 ULLMANN
Encyklopädie der technischen Chemie, 4. neubearbeitete und erweiterte Auflage, Band 9
Verlag Chemie, GmbH, Weinheim/Bergstr., 1975

11 FAIR, G.M., MORRIS, J.C., CHANG, S.L., WEIL, I. und BURDEN, R.P.
The Behavior of Chlorine as a Water Disinfectant
Journal American Water Works Association 1943, 35, 1446

12 CONDIE, L.W.
Toxicological Problems Associated With Chlorine Dioxide
Research and Technology, Juni 1986, 73-78

13 FRIMMEL, F.H. und JAHNEL, J.B.
Formation of Haloforms in Drinking Water
The Handbook of Environmental Chemistry, Volume 5, Water Pollution, Springer-Verlag Berlin Heidelberg, 2003, 1-19

14 NOKES, C.J.
Formation of Brominated Organic Compounds in Chlorinates Drinking Water
The Handbook of Environmental Chemistry, Volume 5, Water Pollution, Springer-Verlag Berlin Heidelberg, 2003, 21-60

15 JACANGELO, J.G. et al.
Ozonation: Assessing Its Role in the Formation and Control of Disinfection By-Products
Research and Technology, August 1989, 74-84

16 AIETA, E.M. und BERG, J.D.
A Review of Chlorine Dioxide in Drinking Water Treatment
Research and Technology, Juni 1986, 62-72

17 DVGW
Liste der Aufbereitungsstoffe und Desinfektionsverfahren
Stand: September 2002

18 DONHAUSER, S., GEIGER, E. und GLAS, K.
Das Verhalten von organischen Chlorverbindungen bei der Wasseraufbereitung
Brauwelt 1989, Nr. 34, 1522-1533

19 HOIGNÉ, J. und BADER, H.
Kinetics of Reactions of Chlorine Dioxide (OClO) in Water – I. Rate Constants for Inorganic and Organic Compounds
Water Research 1994, Ausgabe 28, Nr. 1, 45-55

20 GREVING, J., UNRECHT, B. und KIELBASSA, C.
Chlordioxid neu erfunden!
Brauwelt 2005, Nr. 11, 320-323

21 BOHNER, H.F. und BRADLEY, R.L.
Corrosivity of Chlorine Dioxide Used as Sanitizer in Ultrafiltration Systems
Journal of Dairy Science 1991, 74, 3348-3352

22 KUNZMANN, C. und AHRENS, A.
Removal of residual quantities of chlorine dioxide and chlorite from water
Brauwelt International 2008, Nr. 4, 230-232

23 GREVING, J. und UNRECHT, B.
Ein „ideales" Biozid, Chlordioxid in der CIP-Reinigung
Brauindustrie 1/2006, 34-36

24 Weltgesundheitsorganisation (WHO)
http://www.who.int/water_sanitation_health/dwq/chemicals/chloritesumstat.pdf
Abgerufen am 01.04.2009

25 EPA (United States Environmental Protection Agency)
Interim Drinking Water Health Advisory For Perchlorate
EPA 822-R-08-025, Dezember 2008

26 LEGUBE, B.
Ozonation By-Products
The Handbook of Environmental Chemistry, Volume 5, Water Pollution, Springer-Verlag Berlin Heidelberg, 2003, 95-116

27 KRETSCHMANN, GUNTER
Ozon
Philipps-Universität Marburg, Fachbereich Chemie, Ausarbeitung zum chemischen Experimentalvortrag, gehalten am 13. Mai 1998

28 ROSSONI, E.M.M. und GAYLARDE, C.C.
Comparison of sodium hypochlorite and peracetic acid as sanitising agents for stainless steel food processing surfaces using epifluorescence microscopy
International Journal of Food Microbiology, Ausgabe 61, 2000, 81-85

29 RITTER, G., DIETRICH, H. und SECKLER, J.
Vermeidung negativer Alterungserscheinungen
Getränkeindustrie 3/1996, 172-176

30 WILDBRETT, G.
Reinigung & Desinfektion in der Lebensmittelindustrie, 1. Auflage
B. Behr's Verlag GmbH & Co., Hamburg, 1996

31 AL-IROBAIDI, A.
Zum Orientierungs- und Deformationsverhalten von Polyethylenterephthalat (PET)
Dissertation TU-Berlin, 1984

32 DVGW
Verfahren zur Desinfektion von Trinkwasser mit Chlor und Hypochloriten
Technische Regel, Arbeitsblatt W 229, Mai 2008

33 CLOETE, T. E.
The effect of anolyte and a combination of catholyte on biofilms
Department of Microbiology and Plant Pathology, University of Pretoria, South Africa

34 DEZA, M.A., ARAUJO, M. UND GARRIDO, M.J.
Inactivation of Escherichia coli, Listeria monocytogenes, Pseudomonas aeruginosa and Staphylococcus aureus on stainless steel and glass surfaces by neutral electrolysed water
Letters in Applied Microbiology Nr. 40, 2005, 341-346

35 KAEHN, Kurt
Elektrolytische Verfahren zur sekundären Trinkwasserdesinfektion, Unterschiede und Gemeinsamkeiten
Auszug aus Krankenhaus Technik+Management 5/2005, keine Seitenangabe

36 HRICOVA, D., STEPHAN, R., ZWEIFEL, C.
Electrolyzed Water and Its Application in the Food Industry
Journal of Food Protection, Vol. 71, Nr. 9, 2008, Seiten 1934-1947

37 AL-HAQ, M.I., SUGIYAMA, J. und ISOBE, S.
Applications of Electrolyzed Water in Agriculture and Food Industries
Food Science and Technology Research, Ausgabe 11, Nr. 2, 2005, 135-150

38 CLOETE, T.E.; Thantsha, M.S.
Disinfection in a dairy milking parlour using anolyte as disinfection
Department of Microbiology and Plant Pathology, University of Pretoria, South Africa

39 SUZUKI, T. ET AL.
Decontamination of Aflatoxin-Forming Fungus and Elimination of Aflatoxin Mutagenicity with Electrolyzed NaCl Anode Solution
Journal of Agricultural and Food Chemistry, Nr. 50, 2002, 633-641

40 KIM, WON-TAE et al.
Use of Electrolyzed Water Ice for Preserving Freshness of Pacific Saury (Cololabis saira)
Journal of Food Protection, Ausgabe 69, Nr. 9, 2006, 2199-2204

41 STEVENSON, S.M.L., COOK, S.R., BACH, S.J. und McALLISTER, T.A.
Effects of Water Source, Dilution, Storage, and Bacterial and Fecal Loads on the Efficacy of Electrolyzed Oxidizing Water fort he Control of Escherichia coli O157:H7
Journal of Food Protection, Ausgabe 67, Nr. 7, 2004, 1377-1383

42 SUZUKI, T. ET AL.
Inactivation of Staphylococcal Enterotoxin-A with an Electrolyzed Anodic Solution
Journal of Agricultural and Food Chemistry, Nr. 50, 2002, 230-234

43 PARK, H., HUNG, Y.-C. und KIM, C.
Effectiveness of Electrolyzed Water as a Sanitizer for Treating Different Surfaces
Journal of Food Protection, Ausgabe 65, Nr. 8, 2002, 1276-1280

44 BONDE, M.R., NESTER, S.E., SMILANICK, J.L., FREDERICK, R:D: und SCHAAD, N.W.
Comparison of Effects of Acidic Electrolyzed Water and NaOCl on Tilletia indica Teliospore Germination
Plant Disease 83:627-632

45 YOSHIDA, K., ACHIWA, N. und KATAYOSE, M.
Application of electrolyzed water for food industry in Japan
IFT Annual Meeting, 12.-16.Juli 2004, Las Vegas

46 KIM, C., HUNG, Y.-C. und BRACKETT, R.E.
Roles of Oxidation-Reduction Potential in electrolyzed Oxidizing and Chemically Modified Water for the Inactivation of Food-Related Pathogenes
Journal of Food Protection 2000, Ausgabe 63, Nr. 1, 19-24

47 AYEBAH, B., HUNG, Y.-C. und FRANK, J.F.
Enhancing the Bactericidal Effect of Electrolyzed Water on Listeria monocytogenes Biofilms Formed on Stainless Steel
Journal of Food Protection, Ausgabe 68, Nr. 7, 2005, 1375-1380

48 VOROBJEVA, N.V., VOROBJEVA, L.I. und KHODJAEV, E.Y.
The Bactericidal Effects of Electrolyzed Oxidizing Water on Bacterial Strains Involved in Hospital Infections
The International Journal of Artificial Organs, Ausgabe 28, Nr. 6, 2004

49 KIURA, HIROMASA et al.
Bactericidal activity of electrolyzed acid water from solution containing sodium chloride at low concentration, in comparison with that at high concentration
Journal of Microbiological Methods Ausgabe 49, 2002, 285-293

50 ONGENG, D. et al.
The efficacy of electrolysed oxidising water for inactivating spoilage microorganisms in process water and on minimally processed vegetables
International Journal of Food Microbiology, Ausgabe 109, 2006, 187-197

51 FENNER, D.C., BÜRGE, B., KAYSER, H.P. und WITTENBRINK, M.M.
The Anti-microbial Activity of Electrolysed Oxidizing Water against Microorganisms relevant in Veterinary Medicine
Journal of Veterinary Medicine 2006, B 53, 133-137

52 KRAFT, A., KREYSING, D. und WÜNSCHE, M.
Elektrochemische Wasserdesinfektion: Hocheffektiv ohne Chemikalienzugabe und mit Depotwirkung
http://www.aktuelle-wochenschau.de/2006/woche41b/woche41b.html, Stand März 2009

53 ABBERGER, KLAUS
Desinfektion von Trinkwassersystemen
Moderne Gebäudetechnik, Sonderdruck aus Heft 12/2005, 29-32

54 GRUND, HORST
Sichere und ökologische Betriebshygiene in der Produktion und Abfüllung von Getränken mittels „Membranzellen-Elektrolyse“
Brauwelt 2007, Nr. 10, 2-4

55 HEYSE, K.-U.
Wirkungsvolles Desinfektionsmittel auf Wasserbasis
Brauwelt 2008, Nr. 30-31, 862-863

56 N.N.
Pionierarbeit in Sachen Desinfektion
Brauwelt 2008, Nr. 37-38, 1090-1091

57 STEVENSON, S.M.L., COOK, S.R., BACH, S.J. und Mc ALLISTER, T.A.
Effects of Water Source, Dilution, Storage, and Bacterial and Fecal Loads on the Efficacy of Electrolyzed Oxidizing Water for the Control of Escherichia coli O157:H7
Journal of Food Protection 2004, Ausgabe 67, Nr. 7, 1377-1383

58 KREYSIG, D. und SANDT, B.
Elektrolytische Desinfektion von Trinkwasser
Fachjournal 2006/2007, 70-75

59 ROESKE, W.
Mobile Chlorungsanlagen für die Desinfektion von Behältern und Rohrleitungen der Trinkwasserversorgung
Sonderdruck aus bbr Wasser, Kanal- & Rohrleitungsbau, Ausgabe 1/2002, 2-6

60 FABRIZIO, K.A. und CUTTER, C.N.
Stability of electrolyzed Oxidizing Water and Its Efficacy against Cell Suspensions of Salmonella Typhimurium and Listeria monocytogenes
Journal of Food Protection 2003, Ausgabe 66, Nr. 8, 1379-1384

61 LEN, SOO-VOON ET AL.
Effects of Storage Conditions and pH on Chlorine Loss in Electrolyzed Oxidizing (EO) Water
Journal of Agricultural and Food Chemistry, Nr. 50, 2002, 209-212

62 KOSEKI, S. und ITOH, K.
Fundamental Properties of Electrolyzed Water
Nippon Shokuhin Kagaku Kaishi 2000, Ausgabe 47, Nr. 5, 390-393

63 FABRIZIO, K.A. und CUTTER, C.N.
Comparison of electrolyzed oxidizing water with other antimicrobial interventions to reduce pathogens on fresh pork
Meat Science 2004, 68, 463-468

64 NAGAMATSU, Y., CHEN, K.-K., TAJIMA, K., KAKIGAWA, H. und KOZONO, Y.
Durability of Bactericidal Activity in Electrolyzed Neutral Water by Storage
Dental Materials Journal, Nr. 21, 2002, 93-104

65 KUNIGK, L., SCHRAMM, J.R. und KUNIGK, C.J.
Hypochlorous acid loss from neutral electrolyzed water and sodium hypochlorite solutions upon storage
Brazilian Journal of Food Technology 2008, Ausgabe 11, Nr. 2, 153-158

66 CLOETE, T. E.
Electrochemically activated water as a non-polluting anti-fouling technology
NACE International Paper 02463, Corrosion 2002

67 FABRIZIO, K.A., SHARMA, R.R., Demirci, A. und CUTTER, C.N.
Comparison of Electrolyzed Oxidizing Water with Various Antimicrobial Interventions to Reduce Salmonella Species on Poultry
Poultry Science 2002, 81, 1598-1605

68 Aquagroup AG
Der doppelte Wirkmechanismus von Nades auf Einzeller (Keime)
www.aquagroup.com .Stand: März 2009

69 PARK, H., HUNG, Y.-C. und CHUNG, D.
Effects of chlorine and pH an efficacy of electrolyzed water for inactivating Escherichia coli O157:H7 and Listeria monocytogenes
International Journal of Food Microbiology 2004, Ausgabe 91, 13-18

70 MOSTELLER, T.M. und BISHOP, J.R.
Sanitizer Efficacy Against Attached Bacteria in a Milk Biofilm
Journal of Food Protection 1993, Ausgabe 56, N. 1, 34-41

71 SOMERS, E.B. und LEE Wong, A.C.
Efficacy of Two Cleaning and Sanitizing Combinations on Listeria monocytogenes Biofilms Formed at Low Temperature on a Variety of Materials in the Presence of Ready-to-Eat Meat Residue
Journal of Food Protection 2004, Ausgabe 67, Nr. 10, 2218-2229

72 LINDSAY, D. und VONHOLY, A.
Different Responses of Planktonic and Attached *Bacillus subtilis* and Pseudomonas fluorescens to Sanitizer Treatment
Journal of Food Protection 1999, Ausgabe 62, Nr. 4, 368-379

73 BACK, WERNER
Biofilme in der Brauerei und Getränkeindustrie
Brauwelt 2003, Nr. 24/25, 766-777

74 BROWN, M.R.W. und GILBERT, P.
Sensitivity of biofilms to antimicrobial agents
Journal of Applied Bacteriology Symposium Supplement 1993, 74, 87S-97S

75 DEBEER, D., SRINIVASAN, R. und STEWART, P.S.
Direct measurement of Chlorine Penetration into Biofilms during Disinfection
Applied and Environmental Microbiology, 1994, 4339-4344

76 STEWART, P.S., RAYNER, J., ROE, F. und REES, W.M.
Biofilm penetration and disinfection efficacy of alkaline hypochlorite and chlorosulfamates
Journal of Applied Microbiology 2001, 91, 525-532

77 LEE, S.-H. und FRANK, J.F.
Inactivation of Surface-adherent Listeria monocytogenes
Hypochlorite and Heat
Journal of Food Protection 1991, Ausgabe 51, Nr. 1, 4-6

78 GRAJECKI, C., SCHMALZ, D. und GRAJECKI, U.
Eine stapelbare Alternative zur Desinfektion
Brauwelt 2005, Nr. 46-47, 1527-1529

79 KOSEKI, SHIGENOBU et al.
Effect of mild heat pre-treatment with alkaline electrolyzed water on the efficacy of acidic electrolyzed water against Escherichia coli O157:H7 and Salmonella on Lettuce
Food Microbiology 2004, 21, 559-566

80 KOSEKI, S. und ITOH, K.
Prediction of Microbial Growth in Fresh-Cut Vegetables Treated with Acidic Electrolyzed Water during Storage under Various Temperature Conditions
Journal of Food Protection, Ausgabe 64, Nr. 12, 2001, 1935-1942

81 AYEBAH, B., HUNG, Y.-C., KIM, C. UND FRANK, J.F.
Efficacy of Electrolyzed Water in the Inactivation of Planktonic and Biofilm Listeria monocytogenes in the Presence of Organic Matter
Journal of Food Protection, Vol. 69, Nr. 9, 2006, 2143-2150

82 MIROSHNIKOV, ANATOLIJ
Die biologische Aktivität wässriger Lösungen nach einer Schwachstrom-Membran-Elektrolyse
Raum & Zeit 2000, Ausgabe 108, 93-95

83 CHIU, T.H., DUAN, J. LIU, C. und SU. Y.-C.
Efficacy of electrolyzed oxidizing water in inactivating Vibrio parahaemolyticus on kitchen cutting boards and food contact surfaces
Letters in Applied Microbiology Ausgabe 43, 2006, 666-672

84 OKULL, D.O., DEMIRCI, A., ROSENBERGER, D. und LABORDE, L.F.
Susceptibility of Penicillium expansum Spores to Sodium Hypochlorite, Electrolyzed Oxidizing Water, and Chlorine Dioxide Solutions Modified with Nonionic Surfactants
Journal of Food Protection, Ausgabe 69, Nr, 8, 2006, 1944-1948

85 KIM, C., HUNG, Y.-C. und BRACKETT, R.E.
Efficacy of electrolyzed oxidazing (EO) and chemically modified water on different types of foodborne pathogens
International Journal of Food Microbiology, Ausgabe 61, 2000, 199-207

86 TRUYEN, U.
Gutachten zur Desinfektionswirkung von NADES®
Universität Leipzig, Veterinärmedizinische Fakultät, 20. Juni 2006

87 KOSEKI, S. und ITOH, K.
The Effect of Available Chlorine Concentration on the Disinfecting Potential of Acidic Electrolyzed Water for Shredded Vegetables
Nippon Shokuhin Kagaku Kaishi 2000, Ausgabe 47, Nr. 12, 888-898

88 MAHMOUD, B.S.M., Yamazaki, K., Miyashita, K., Il SHIK, S., DONG-SUK, C. und SUZUKI, T.
Decontamination effect of electrolyzed NaCl solutions on carp
Letters in Applied Microbiology Ausgabe 39, 2004, 169-173

89 GRUND, HORST
Ist die Wasserqualität für die Getränkehersteller ausreichend?
Brauwelt 2005, Nr. 3, 61-64

90 MORITA, CHIZUKO ET AL.
Disinfection potential of electrolyzed solutions containing sodium chloride at low concentrations
Journal of Virological Methods 85, 2000, 163-174

91 YOSHIDA, KYOICHIRO et al.
Sterilization Effect and Influence on Food Surface by Acidic Electrolyzed Water Treatment
Nippon Shokuhin Kagaku Kaishi 2001, Ausgabe 48, Nr. 11, 827-834

92 LEE, JUN HAENG et al.
Efficacy of electrolyzed acid water in reprocessing patient-used flexible upper endoscopes: Comparison with 2% alkaline glutaraldehyde
Journal of Gastroenterology and Hepatology 2004, Ausgabe 19, 897-903

93 SAKURAI, Y., NAKATSU, M., SATO, Y. und SATO, K.
Endoscope Contamination from HBV- and HCV-positive Patients and Evaluation of a Cleaning/Disinfecting Method Using Strongly Acidic Electrolyzed Water
Digestive Endoscopy 2003, 15, 19-24

94 FABRIZIO, K.A. und CUTTER, C.N.
Application of electrolyzed oxidizing water to reduce Listeria monocytogenes on ready-to-eat meats
Meat Science 2005, 71, 327-333

95 CLOETE, T.E.
Surface Disinfection, using Anolyte
http://www.aquastelinc.com/surface%20disinfecting.pdf
Stand März 2009

96 STOPFORTH, J.D., MAI, T., KOTTAPALLI, B. und SAMADPOUR, M.
Effect of Acidified Sodium Chlorite, Chlorine, and Acidic Electrolyzed Water on Escherichia coli O157:H7, Salmonella, and Listeria monocytogenes Inoculated onto Leafy Greens
Journal of Food Protection, Ausgabe 71, Nr. 3, 2008, 625-628

97 SAEFKOW, MICHAEL W.K.
Genug geschwallt?
Reinigungs- und Desinfektionsverfahren mit erweiterten Einsatzmöglichkeiten bei der Abfüllung
Getränkeindustrie 3/2008

98 ROESKE, W. und MÜLLER, Ch.
Die Desinfektion von Trinkwasser mit Chlor und Chlordioxid
Brauwelt 2003, Ausgabe 11, 287-292

99 KERLER, A.
Bio-Schorle ohne Konservierungsstoffe
Getränkeindustrie 3/2009, 22-23

100 GRUND, HORST
Optimierte Hygiene im Getränke-Abfüllprozess
Brauwelt 2008, Nr. 39-40, 1121-1123

101 MEYER, FLORIAN
Zusatzstoff, Biozid oder doch eher Verarbeitungshilfsstoff?
Getränkeindustrie 11/2008, 77

102 Bundesministerium für Umwelt, Naturschutz und Reaktorsicherheit
http://www.bmu.de/chemikalien/biozide/die_eg-biozid-richtlinie/doc/2172.php
Stand Januar 2007

103 HOHMANN, HARALD
Biozidrechtliche Zulassungspflicht bei der vor Ort-Herstellung
Brauwelt 2009, Nr. 12-13, 352-353

104 Liste der Aufbereitungsstoffe und Desinfektionsverfahren gemäß §11 der Trinkwasserverordnung 2001
6. Änderung, Stand: Juli 2006

105 OOMORI, T., OKA, T., INUTA, T. und ARATA, Y.
The Efficiency of Disinfection of Acidic Electrolyzed Water in the Presence of Organic Materials
Analytical Sciences, Ausgabe 16, 2000, 365-369

106 GORDON, G., COOPER, W.J., RICE, R.G. und PACEY, G.E.
Methods of Measuring Disinfectant Residuals
Research an Technology September 1988, 94-108

107 N.N.
Hach Kolorimeter DR/890 Verfahrenshandbuch 48470965
© Hach Company, 1997-1999, Übersetzung/Überarbeitung 5/99 Dr. Lange GmbH

108 N.N.
Bedienungsanleitung
Rapid Cleanliness Test, 1996

109 BRÄUNIG, I. und TRENNER, P:
Experimentelle Untersuchung zur Kontrolle der Reinigung und Desinfektion mittels Biolumineszenz
Arbeitskreis Lebensmittelhygiene,1996

110 R-BIOPHARM AG
L-Ascorbinsäure Farb-Test zur Bestimmung von L-Ascorbinsäure in Lebensmitteln und anderen Probematerialien
Best. Nr. 10 409 677 035

111 MEBAK
Brautechnische Analysenmethoden Band II
Methodensammlung der Mitteleuropäischen Brautechnischen Analysenkommission 3. Auflage
Selbstverlag der MEBAK, Freising-Weihenstephan, 1993

112 WEISS, JOACHIM
Ionenchromatographie, dritte Auflage
Wiley-VCH Verlag GmbH, Weinheim, Germany, 2001

113 EPPERT, GÜNTER J.
Flüssigchromatographie, HPLC – Theorie und Praxis
Friedr. Vieweg & Sohn Verlagsgesellschaft mbH, Braunschweig/Wiesbaden 1997

114 HARMS, DIETRICH
HPLC/IC-Schulung Basis, VLB Berlin 2008

115 JENSEN, D.
Grundlagen der Ionenchromatographie
© Dionex GmbH 2000

116 HARTWIG G., WENDLING K.
Statistische Qualitätskontrolle, 1. Auflage
B. Behr's Verlag GmbH, Hamburg 2000

117 KAISER, R.E. und MÜHLBAUER, J.A.
Elementare Tests zur Beurteilung von Messdaten
2. Auflage, Bibliographisches Institut Mannheim, 1983

118 RIEPE, WOLFGANG
Validierung analytischer Methoden
Aus „Analytische Chemie und Qualitätssicherung", Proceedings des GSF-Symposiums 24.-26. November 1993, München, Herausgeber A. Kettrup, E. Flammenkamp, ecomed Verlagsgesellsschaft AG & Co. KG 1995

119 RONNIGER, CURT
Versuchsmethoden, Statistik & DoE
Handbuch zur Statistiksoftware Visual Xsel®, Auflage 10d, 2007 ©Curt Ronniger

120 GUNDLACH, CARSTEN
Entwicklung eines ganzheitlichen Vorgehensmodells zur problemorientierten Anwendung der statistischen Versuchsplanung
Kassel university press GmbH, Kassel, Univ., Diss. 2004

121 RONNIGER, CURT
www.versuchsmethoden.de
®CRGRAPH 2009

122 KLEPPMANN, WILHELM
Taschenbuch Versuchsplanung, 4. Auflage
Carl Hanser Verlag München Wien, 2006

123 GAFNER, JÜRG
Mikroorganismen beim biologischen Säureabbau und Weinausbau
Schweizer Zeitung Obst-Weinbau, Nr. 11, 2003, 6-8

124 SETLOW, P.
Mechanisms which contribute to the long-term survival of spores of Bacillus species
Journal of Applied Bacteriology Symposium Supplement 1994, 76, 49S-60S

125 VDMA
Fachverband Nahrungsmittel und Verpackungsmaschinen
Merkblatt zur „Prüfung von Aseptikanlagen mit Packmittelentkeimungsvorrichtungen auf deren Wirkungsgrad"
Nr. 6, Juli 2002

126 CARR, Anitra C.; Tijerina, Terry; Frei, Balz
Vitamin C protects against and reverses specific hypochlorous acid- and chloramine-dependent modifications of low-density lipoprotein
Biochemical Journal, 2000

127 R-BIOPHARM AG
L-Ascorbinsäure Farb-Test zur Bestimmung von L-Ascorbinsäure in Lebensmitteln und anderen Probematerialien
Best. Nr. 10 409 677 035

128 KLUTHE, R. und KASPER, H.
Alkoholische Getränke und Ernährungsmedizin
Georg Thieme Verlag Stuttgart + New York, 1998
aus KUNZE, W.
Technologie Brauer und Mälzer
8. Auflage, Berlin VLB, 1998

129 Bundesamt für Gesundheit, Schweiz
Schweizerisches Lebensmittelbuch, Kapitel: Frucht- und Gemüsesäfte, Fruchtnektare, Fruchtsirupe, Konzentrate und Pulver
Neuausgabe 1988 mit Nachträgen 1989, 1990, 1994 und 2000

130 Kommission des Deutschen Lebensmittelbuches
Leitsätze für Fruchtsäfte
Stand: März 1998

131 RUSSEL, A.D.
Similarities and differences in the responses of microorganisms to biocides
Journal of Antimicrobial Chemotherapy, 2003, Ausgabe 52, 750-763

132 BACK, W.
Farbatlas und Handbuch der Getränkebiologie Band 1
Fachverlag Hans Carl, Nürnberg, 2000

133 EVERS, HARTMUT
Die Korrosion und deren Ursachen
Flüssiges Obst, 06/2009

134 RENKE, NADINE
Optimieren des Rinsprozesses in ACF-Anlagen
Bachelorarbeit, Februar 2009

135 EIGENE ERHEBUNG
Untersuchungen an Trockenaseptischen Praxisanlagen von KHS

136 GIJTENBEEK, HANS
Mündliche Information

137 HAMANN, C.H. und VIELSTICH, W.
Elektrochemie, 4.Auflage
Wiley-VCH Verlag GmbH & Co. KGaA, 2005, Weinheim, Kapitel 8.4.1

Printed by Books on Demand GmbH, Norderstedt / Germany